新应用·真实战·全案例

信息技术应用新形态立体化丛书

AIGC高效办公

Excel 数据处理与分析

孙杏桃 何敏 苗娜◎主编

陈可欣 夏林朋◎副主编

人民邮电出版社

北京

图书在版编目（CIP）数据

AIGC 高效办公：Excel 数据处理与分析：微课版 / 孙杏桃，何敏，苗娜主编. -- 北京：人民邮电出版社，2025. --（新应用·真实战·全案例：信息技术应用新形态立体化丛书）. -- ISBN 978-7-115-66058-9

Ⅰ. TP391.13

中国国家版本馆 CIP 数据核字第 202529AZ24 号

内 容 提 要

本书以 Excel 2019 为例，主要讲解使用 Excel 并借助各种 AIGC 工具来处理与分析数据的相关知识，主要内容包括数据处理与分析概述、认识 AIGC、Excel 的基础知识、数据的获取与清洗、数据的计算与分析、数据可视化、数据的进阶分析、市场行业数据分析、竞争对手数据分析、客户数据分析和运营数据分析等。通过本书，读者不仅可以学到数据处理与分析的理论知识、Excel 的基本操作、AIGC 工具的使用，更能利用这些知识强化处理与分析数据的操作技能。

本书将理论与实践紧密结合，以课前预习帮助读者理解课堂内容，培养学习兴趣，以课堂案例带动知识点的讲解，并且每个案例配有详细的图文操作说明及配套操作视频，能够全方位展示使用 Excel 和 AIGC 工具处理与分析数据的具体过程。同时，本书提供"提示""行业知识""知识拓展"等小栏目辅助学习，帮助读者高效理解相关内容并快速解决问题。

本书可作为各院校 Excel 数据处理与分析相关课程的教材和辅导书，也可作为办公人员提高办公技能的参考书。

◆ 主　　编　孙杏桃　何　敏　苗　娜

　　副 主 编　陈可欣　夏林朋

　　责任编辑　王　平

　　责任印制　胡　南

◆ 人民邮电出版社出版发行　　北京市丰台区成寿寺路 11 号

　　邮编　100164　　电子邮件　315@ptpress.com.cn

　　网址　https://www.ptpress.com.cn

　　保定市中画美凯印刷有限公司印刷

◆ 开本：787×1092　1/16

　　印张：13.75　　　　　　　　2025 年 6 月第 1 版

　　字数：366 千字　　　　　　 2025 年 7 月河北第 2 次印刷

定价：49.80 元

读者服务热线：(010)81055256　印装质量热线：(010)81055316

反盗版热线：(010)81055315

前言

随着大数据、人工智能等技术的不断进步，数据的应用范围不断扩大，数据处理效率显著提高，数据在数字经济发展中变得越来越重要。数据不仅是影响企业发展和竞争的关键资源，还是推动产业升级、经济转型和社会治理的关键力量。因此，数据的处理与分析已成为一项基本的技能。鉴于此，编者精心编写了本书。本书以 Excel 2019 为例，通过系统的课程设置和丰富的实践案例，提升读者的专业技能和在职场中的竞争力，同时注重培养读者的职业精神、社会责任感和创新精神，引导读者将所学知识服务于国家和社会的发展。

 教学方法

本书精心设计"学习引导→扫码阅读→课堂案例→知识讲解→综合实训→课后练习"6 段教学方法，细致而巧妙地讲解理论知识，制作典型商务案例，激发读者的学习兴趣，锻炼读者的动手能力，提高读者的实际应用能力。

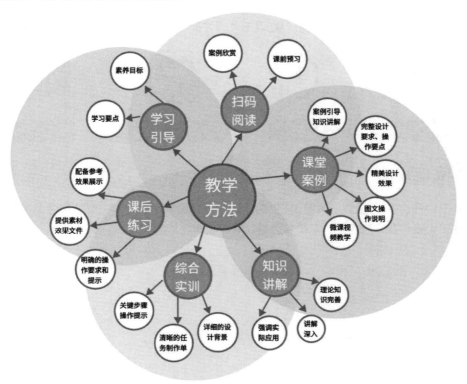

本书特色

本书以案例带动知识点的方式，以 Excel 2019 为例，全面讲解使用 Excel 处理与分析数据的相关知识和技能。其特色可以归纳为以下 4 点。

- 理实结合，案例丰富。本书以"课堂案例"引导知识点讲解，在案例的制作与学习过程中，将 Excel 和 AIGC 智能办公的各项知识和操作技能融会贯通。在案例操作完成后，本书还深入剖析重难点知识，帮助读者理解与应用知识。

- 素养培育，实践性强。本书设置"综合实训"和"课后练习"等板块，让读者在学完基础知识后进行同步训练，提升独立完成能力。本书注重挖掘素养教育内容，弘扬精益求精的专业精神、职业精神和工匠精神，培养读者的创新意识。

- 案例真实，配备微课。本书中的真实案例，由常年深耕教学一线、富有教学经验和工作经验的人员共同开发，理实一体，并配备教学微课视频。读者可以利用计算机和移动终端进行学习，实现线上线下混合式学习。

- 技能提升，能力培养。本书不管是课堂案例还是综合实训，都融入了制作要求、操作要点，并且通过"行业知识"小栏目体现相关的专业知识，培养学生的设计能力。另外，本书还通过 4 个章节的综合案例，强化使用 Excel 完成数据处理与分析的能力。

 教学资源

本书提供立体化教学资源，可以丰富教师的教学手段。本书教学资源的下载地址为 https://www.ryjiaoyu.com，主要包括以下 4 个方面。

素材和效果文件　　微课视频　　PPT、大纲和教学教案　　题库软件

 编者信息

本书由孙杏桃、何敏、苗娜担任主编，陈可欣、夏林朋担任副主编。虽然编者在编写本书时倾注了大量心血，但难免仍有疏漏之处，请广大读者不吝赐教。

编者

2025 年 2 月

目录

第3章　数据的计算与分析

第4章　数据可视化

第5章　数据的进阶分析

第6章　市场行业数据分析

第7章　竞争对手数据分析

第8章　客户数据分析

第 **9** 章　运营数据分析

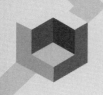

第  章　绪论

人工智能生成内容（Artificial Intelligence Generated Content，AIGC）是人工智能技术的一种前沿应用，它利用深度学习算法从大量数据中学习模式，以生成高质量的文本、图像、音频和视频等内容。在 Excel 数据处理与分析领域，AIGC 的出现正悄然改变着我们的工作方式。AIGC 不仅能清洗数据、计算数据，还能智能分析数据和可视化数据，这不仅提高了工作人员的数据处理效率，在数据结果的准确性和数据展现的创造力等方面更体现出了许多优势。

▌ □ 学习要点

◎ 了解数据的定义、价值和分类。

◎ 了解数据处理与分析的流程和常用指标。

◎ 认识 AIGC 的概念和发展历程，以及常用的工具、插件和平台。

◎ 掌握 AIGC 的使用方法。

▌ ◇ 素养目标

◎ 在使用 AIGC 工具的过程中，培养创造力和想象力，充分借助 AIGC 工具来完成任务。

◎ 意识到科技发展的速度很快，从而树立主动探索、积极学习新知识，以便不断提升自我的优秀思想。

▌ ◈ 扫码阅读

课前预习

0.1
数据处理与分析概述

0.1.1 认识数据

大多数人对数据都不陌生，如手机每月的流量消耗、学生各科的考试成绩、职工的工资明细等，这些都是常见的数据。但是，许多人对数据的认识不够全面和深刻，认为数据就是简简单单的数字，作用也并非那么重要。我们只有在真正认识"数据"的概念后，才能对数据有更加全面和深刻的理解。

1. 数据的定义

数据是指描述事件或事物的属性、过程及其关系的符号序列，是对客观事物的性质、状态及相互关系等进行记载的物理符号或物理符号的组合。数据可以是直观的数字、文字、符号；可以是富有意义的图形、图像、视频、音频；也可以是客观事物的属性、数量、位置及其相互关系的抽象表示，如"晴、阴、雨、雪""20℃、21℃、22℃、23℃"等。

2. 数据的价值

现代社会，越来越多的企业和个人看重和依赖数据，这是因为数据具有特有的价值。

（1）数据能够告诉我们过去发生了什么。例如，企业在运营过程中产生的销售数据、采购数据等，能够反映企业过去一段时间内的运营表现是好是坏，各项业务的发展和变化是否符合预期目标等。

（2）数据能够告诉我们为什么会发生这些情况。例如，如果近期销售数据与往期相比显著下降，就可以分析影响销售数据的指标，如实体店铺所在商圈的客流量、进店的客户数量、购买商品的客户数量等。如果购买商品的客户数量下降明显，其他指标变化不大，就能推断出导致销售数据下降的主要原因是购买商品的客户数量减少，那么就应当考虑如何提高该指标，如优化商品、提高服务、降低价格等，使店铺能够找准改善运营效果的方向。

（3）数据能够告诉我们未来可能会发生什么。例如，将过去若干年的销售数据以月份为单位进行统计分析，可以清楚知晓哪个时间段是销售旺季，哪个时间段是销售淡季。在销售旺季来临前，企业可以做好库存、宣传、配送等工作；在销售淡季来临前，企业应该提前做好清仓、促销等准备。

3. 数据的分类

数据主要可以分为 4 种类型，即定类数据、定序数据、定距数据和定比数据，不同类型的数据适合不同的处理与分析情形。

（1）定类数据。这类数据只能对事物进行分类和分组，数据表现为"类别"，各类数据之间无法进行比较。例如，某店铺将客户青睐的商品颜色分为红色、蓝色和黄色，红色、蓝色、黄色即定类数据，这类数据之间的关系是平等或并列的，没有等级之分。为了方便处理和分析数据，大多数情况下会为各类别数据指定相应的数字，如"1"表示红色、"2"表示蓝色、"3"表示黄色等，但这些数字只是符号，不能进行运算。统计各数字的数量，可以了解不同颜色商品的库存数量、销售数量。

（2）定序数据。这类数据可以在对事物分类的同时反映各数据类别的顺序，虽然数据表现仍为类别，但各类别之间是有序的，可以进行比较。例如，"1"表示小学，"2"表示初中，"3"表示高中，"4"表示大学，这些可以反映出各对象的受教育程度差异，尽管这种差异不能准确度量，但是仍可以判断其顺序的高低。

（3）定距数据。这类数据不仅能比较各类事物的优劣，还能计算事物之间的差异大小，数据表现为"数值"。例如，李某的英语成绩为 80 分，孙某的英语成绩为 85 分，可知孙某的英语成绩比李某的英语成绩高 5 分。不同于定类数据和定序数据，定距数据可以进行加、减运算，以比较数据之间的差距。

（4）定比数据。这类数据的表现也是"数值"，不仅可以进行加、减运算，还可以进行乘、除运算，如销售增长率=（本年销售额−上年销售额）÷上年销售额，便对销售额做了减法和除法运算。与定距数据相比，定比数据有一个显著特点，即存在绝对零点。例如，温度就是典型的定距数据，因为在摄氏温度中，0℃一般表示水结冰的温度，但并不是绝对零度。但对于销量而言，"0"就表示没有销量，属于"绝对零度"，所以销量属于定比数据。在实际生活中，"0"经常用来表示某种事物的缺失，如利润、薪酬、产值等。在商务数据分析领域，人们接触的数据类型大多为定比数据。

0.1.2　数据处理与分析的流程

数据处理与分析一般是指对已有数据进行处理和分析，这里为了更好地展现整个数据分析的流程，加入了采集数据的环节，整个流程如图 0-1 所示。

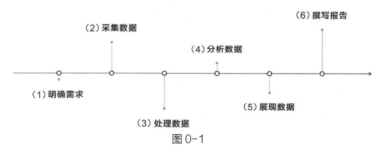

图 0-1

（1）明确需求。处理与分析数据之前，首先要明确处理与分析任务的最终需求是什么，进而确定目标，这样才能确保后续环节不会偏离方向。

（2）采集数据。明确需求后，就可以根据目标需求采集相关的数据。在这个环节，相关人员需要注意数据来源，一方面确保数据的权威性、专业性和准确性，另一方面便于追本溯源，这能在很大程度上避免因采集错误数据而导致分析结果没有价值的情况。

（3）处理数据。数据处理针对的是执行采集操作后得到的数据不满足分析要求的情况。因为许多情况下采集到的数据往往是散乱、残缺的，甚至还可能存在错误的数据，此时就需要通过清洗、加工等操作，将这些数据整理成符合数据分析环节所需要的对象。

（4）分析数据。数据分析环节是整个流程的核心环节之一，相关人员需要合理利用多种方法和工具，分析处理后的数据，提取有价值的信息。

（5）展现数据。展现数据是指将数据以图表、图形等可视化方式进行呈现，使分析结果更加生动直观。在这一环节，需要审慎选择可视化工具，确保其能够真实有效地反映数据的特性和结果，同时需要保证图表的专业性和美观性，强化数据的展现效果。

（6）撰写报告。完成前面各个环节的工作后，应当根据实际需要撰写数据分析报告，将数据分析的思路、过程、结果和结论等内容通过报告的方式呈现，供报告使用者使用。

0.1.3 数据处理与分析的指标

指标是用于衡量、评估和比较事物的量化度量标准。无论是市场营销、金融、教育，还是医疗、交通等行业，在处理与分析数据时候都会使用相应的指标来追踪和评估特定目标的达成情况。不同行业因其特性和需求的不同，所使用的指标也各有侧重。下面以网店为例，介绍几类常见的数据分析指标，具体如表 0-1 所示。

表 0-1　数据处理与分析的常见指标

类型	名称	含义
流量类	浏览量	网店或商品详情页被访问的次数，一位客户在统计时间内访问多次计为多次
	访客数	网店或商品详情页被访问的去重人数，一位客户在统计时间内访问多次只计为一次
	跳失率	访客数中只有一次浏览量的访客数占比，该指标越低表示流量质量越好
	点击转化率	统计时间内页面被点击的次数与展现次数的比率
交易类	客单价	统计时间内，平均每个支付买家的支付金额
	支付转化率	统计时间内，客户转化为支付买家的比例
	UV 价值	统计时间内，每位买家的平均支付金额
商品类	商品动销率	统计时间内，网店整体商品售出率
	收藏人数	通过对应渠道进入网店访问的客户数中，后续有商品收藏行为的人数
	加购人数	通过对应渠道进入网店访问的客户数中，后续有商品加入购物车行为的人数

0.2 认识 AIGC

随着信息技术的持续进步，AI 正逐步渗透并深刻影响着人们的工作与学习等各个领域。作为人工智能领域的新兴分支，AIGC 不仅代表着技术的革新，更预示着内容创作与生产方式的深刻变革。

0.2.1 AIGC 的概念与发展历程

AIGC 是指运用人工智能技术，尤其是深度学习算法，创建各类数字内容的新型内容创作模式。作为一种革命性的内容创作模式，AIGC 引领着人工智能领域的新一轮变革，实现了从简单文本到复杂多媒体内容的全面自动生成。AIGC 的发展历程可以划分为萌芽、积累与快速发展三个阶段，每个阶段都见证了技术的飞跃与应用的拓展。

1. 萌芽阶段（20 世纪 50 年代至 90 年代中期）

20 世纪 50 年代，随着计算机科学的初步建立，人类开始探索机器模仿人类智能的可能性，AIGC 的雏形也悄然孕育。然而，受限于当时的科技水平，尤其是计算能力与算法设计的局限，AIGC 的应用仅限于实验室内的小规模实验，难以触及更广泛的领域。这一阶段，科学家们更多是在探索理论框架与技术路径，为后续的突破奠定基础。

2. 积累阶段（20 世纪 90 年代中期至 21 世纪 10 年代中期）

进入 20 世纪 90 年代中期，随着互联网技术的兴起与计算机性能的显著提升，AIGC 迎来了从理论到实践的转变。尽管此时算法尚不足以支持直接的内容生成，但 AIGC 已经开始在辅助创作、信息检索等领域展现出潜力。这一时期的 AIGC 更多扮演的是"幕后英雄"的角色，通过优化流程、提高效率等方式，为内容创作提供间接支持。随着技术的不断积累，人们逐渐意识到，AIGC 的潜力远不止于此。

3. 快速发展阶段（21 世纪 10 年代中期至今）

进入 21 世纪 10 年代中期，随着深度学习技术的突破性进展，特别是生成对抗网络的问世与迭代，AIGC 迎来了前所未有的发展机遇。这一技术革新彻底打破了 AIGC 的瓶颈，使 AIGC 能够创造出逼真且多样化的文本、图像，乃至视频内容。

近年来，AIGC 的应用场景日益丰富，从最初的企业级服务逐渐渗透到用户端市场，成为普通用户也能轻松上手的创作工具。这一转变不仅降低了内容创作的门槛，也激发了大众的创作热情，推动了文化产业的多元化发展。

0.2.2 数据处理与分析常用的 AIGC 工具

随着 AIGC 技术的发展，AIGC 工具的种类也越来越多，就数据处理与分析领域而言，常用的 AIGC 工具（包括插件）有以下几种。

（1）文心一言。文心一言是百度打造出来的人工智能大语言模型，具备跨模态、跨语言的深度语义理解与生成能力。在数据处理与分析方面，文心一言可以通过理解自然语言指令，协助用户进行数据的初步筛选、整理和分析。例如，用户可以通过提问的方式，让文心一言从大量数据中提取出关键信息，或者根据特定条件对数据进行分类和汇总。

（2）讯飞星火。讯飞星火是由科大讯飞自主研发的新一代认知智能大模型平台，具备强大的自然语言处理能力，能够准确理解用户的意图和指令。在数据处理与分析方面，讯飞星火可以自动检测并处理数据中的异常值、缺失值等问题，能够为用户提供深入的数据洞察和决策支持，并能生成各种图表。

（3）智谱清言。智谱清言是由北京智谱华章科技有限公司开发的生成式 AI 聊天助手，它支持文字输入、图片上传、文件发送和语音交流等多种交互方式。在数据处理与分析方面，智谱清言可以通过智能问答的方式，帮助用户快速获取数据的相关信息，并支持根据需求生成定制的数据报告和图表。

（4）通义。通义是阿里巴巴精心研发的 AI 大模型，擅长理解和处理多元化的知识输入形式，并且具备根据上下文进行逻辑推理与联想的能力。在数据处理与分析方面，通义可以阅读在线链接内容并实时生成总结，帮助用户快速获取网页或文档的核心信息等。

（5）ChatExcel。ChatExcel 是一款融合了聊天机器人与 Excel 强大功能的创新数据分析平台。用户可以通过自然对话的方式，向 ChatExcel 提出数据分析需求，而无须编写复杂的公式或脚本。ChatExcel 内置先进的人工智能算法，能够智能识别用户需求，提供精准的数据洞察和可视化展示。

（6）Excel AI。Excel AI 是用于辅助用户进行数据处理与分析的 Excel 插件，该插件功能十分强大，可以智能生成数据、计算数据、分析数据、生成图表等，还可以根据需要智能获取公式，对公式的作用进行解释等，让用户更好地掌握 Excel 的操作。

0.2.3　AIGC 提示词的使用

使用 AIGC 工具，特别是对话式的工具，提示词扮演着至关重要的角色，它直接引导着 AIGC 生成内容的方向和质量。提示词即用户向 AIGC 工具发出的简短指令，旨在引导 AIGC 工具生成所需的具体内容，它是 AIGC 工具"理解"并"创造"内容的起点。

提示词的主要形式包括关键词、短语、句子、文本段落及结构化提示词等。

（1）关键词提示词。关键词提示词是最基础的形式，它们通常简洁明了，直接点明生成内容的核心要素。例如，在文本生成中，"数据报告"能指导 AIGC 工具生成一篇关于数据报告的总结内容。

（2）短语提示词。短语提示词通常由几个词汇组成，它能够表达更为复杂的概念或情感，使 AIGC 工具能够更准确地理解生成内容的意图和风格。例如，"表格，期末成绩"将引导 AIGC 生成一张关于统计期末成绩的表格。

（3）句子提示词。使用句子作为提示词时，其完整的语境和语法结构，使 AIGC 工具能够生成更加连贯和自然的内容。例如，"生成一张表格，包含 5 行 3 列，统计学科名称、成绩和排名情况。"这样的句子提示词，能够更加明确地告诉 AIGC 工具生成的对象和内容。

（4）文本段落提示词。文本段落提示词可以理解为将要求细化得更加具体的由多个句子提示词组成的提示词。例如，"请深入分析提供的数据源，确保数据的准确性和完整性。分析过程中，请特别关注数据的来源渠道、采集方法和时间范围，确保数据的真实性和可靠性。"我们提出的要求越明确、越具体，AIGC 工具越能生成符合要求的内容。

（5）结构化提示词。结构化提示词是一种有条理、分层次的提示方式，可以理解为多个文本段落的提示词，它通过将创作要求分解为多个具体、明确的指令，使 AIGC 工具可以更准确地理解和执行生成任务。例如，以下结构化提示词就能很好地引导 AIGC 工具完成数据的预处理与清洗操作。

针对提供的数据内容，完成以下操作。

一、数据完整性检查

1. 检查数据是否存在缺失值，记录缺失值的比例和分布。

2. 对于关键字段的缺失值，制订填充策略或决定删除相关记录。

二、数据一致性校验

1. 验证数据字段的格式、类型是否一致，如日期格式、数值类型等。

2. 识别并纠正数据中的错误，如拼写错误、逻辑错误等。

三、数据去重

使用唯一标识符或关键字段进行去重操作，确保数据的唯一性。

四、数据标准化

对数值型数据进行标准化处理，如归一化、标准化等，以便于后续分析。

设计提示词时，首先，需要明确希望解决的问题或达成的目标，如获取信息、生成文案等，避免模糊表述；其次，应对目标进行细化，明确希望生成的具体内容，包括关键信息点、语言风格等，以引导 AIGC 工具生成更具针对性的内容；此后，可以提供一些关键的背景信息，如分析数据时提供数据的行业背景等，这有助于 AIGC 工具更好地理解问题；最后，当 AIGC 工具生成的答案无法满足需求时，应使用不同的方式反馈，如"继续"描述、"切换"角度或直接纠正错误，以引导其进一步优化答案。

0.2.4　AIGC 在数据处理与分析中的基本用法

无论是采集数据、清洗数据、计算数据、分析数据，还是可视化展现数据，AIGC 工具在数据处理与分析中的各个阶段都能提供强大的支持。

（1）采集数据。AIGC 工具具备自然语言处理能力，可以从各种格式的文档中提取数据。例如，审计人员需要了解一家公司的所在行业的整体情况时，可使用 AIGC 工具从行业研究报告中提取关键指标数据。此外，AIGC 还能通过网络爬虫等技术，从网页、数据库等源头自动采集数据，大大提高了数据采集的效率和准确性。

（2）清洗数据。在数据清洗阶段，AIGC 工具可以自动识别并处理缺失值、重复值和异常值。例如，AIGC 工具可以删除关键字段为空的数据记录，清理掉字段中的无效空格，以及转换字段中的标点符号等。这些操作有助于提升数据质量，为后续的数据分析打下坚实基础。

（3）计算数据。AIGC 工具在数据计算方面同样表现出色，它可以利用机器学习模型对数据进行各种复杂计算，甚至财务类、工程类等专业领域的计算。借助 AIGC 工具的数据计算能力，后续的数据分析就变得更加简单。

（4）分析数据。在数据分析阶段，AIGC 工具可以辅助进行高级数据分析。例如，AIGC 可以编写 Python 脚本，实现数据的自动化处理和分析。通过运用统计方法和机器学习算法，AIGC 能够挖掘数据中的潜在规律和模式，为决策提供支持。此外，AIGC 还能生成详细的数据分析报告，包括关键指标解释和业务建议等，帮助工作人员快速呈现分析结果。

（5）可视化展现数据。AIGC 工具在数据可视化方面也发挥着重要作用，它可以根据数据分析结果，自动生成各种类型的图表，如柱状图、折线图、饼图等。这些图表以直观、易懂的方式展示了数据的特征和趋势，有助于用户更好地理解数据和做出决策。同时，AIGC 支持动态可视化，用户可以通过操作界面来改变视图，查看不同的数据维度或详细信息，增强了用户体验。

除了针对数据处理与分析各个阶段的操作外，AIGC 工具还能帮助我们构建表格框架，当我们需要制作不太熟悉的表格时，可以询问 AIGC 工具表格应当具备哪些内容，这样可以提高制作表格的效率。另外，AIGC 工具可以根据需要提供各种计算公式以解决特定的计算问题。例如，当我们需要通过某个数据查询指定类型的匹配数据时，便可向 AIGC 工具提出要求，让它给出正确的计算公式。相反，当我们无法理解公式和函数的作用时，也可以询问 AIGC 工具，让它对公式和函数进行解释。凭借强大的学习能力和先进的算法，AIGC 工具可以帮助我们解决许多问题，这需要我们多练、多用、多总结，这样才能让 AIGC 工具成为工作和学习的得力助手。

第 1 章　Excel 的基础知识

Excel 作为一款功能强大的电子表格制作软件和数据处理与分析工具，在现代职场中占据着举足轻重的地位。其直观的界面、丰富的函数库和灵活的数据处理能力，使得用户能够轻松应对各种复杂的数据问题。就数据处理与分析而言，Excel 能够迅速地从海量数据中提取关键信息，并可以通过数据透视表、图表等多种可视化手段，直观地展示数据分析结果，帮助决策者洞察数据背后的规律。下面我们首先从基础入手，逐步学习 Excel 的使用方法，为后面处理与分析数据打下基础。

📖 学习要点

◎ 了解 Excel 数据处理与分析的基本功能。

◎ 了解 Excel 在数据处理与分析领域的应用情况。

◎ 掌握使用 Excel 输入、编辑与美化表格数据的方法。

◎ 熟悉讯飞星火、文心一言和通义的使用方法。

◇ 素养目标

◎ 培养数据敏感意识，树立"以数据为依据"的工作理念。

◎ 培养数据处理与分析中应具备的诚实守信、严谨细致的基本态度。

◈ 扫码阅读

案例欣赏

课前预习

认识 Excel

Excel 是一款强大的数据处理与分析工具，允许用户通过表格整理数据，并利用内置公式、函数和图表等功能对数据进行各种计算、管理与分析，是深受用户青睐的一款数据处理与分析软件。

1.1.1　Excel 数据处理与分析的基本功能

Excel 在数据处理与分析方面具有丰富且强大的功能，可以帮助用户从复杂的数据中提取有价值的信息并做出明智的决策。无论是商业分析、市场研究还是学术研究，Excel 都能为用户提供强有力的支持。

1. 数据录入与编辑

数据录入是 Excel 中进行数据处理与分析的起点。Excel 允许用户在表格的各个单元格中输入和编辑数据。用户可以输入各种类型的数据，输入完成后，可以使用 Excel 的各种编辑功能，如剪切、复制、粘贴、删除和查找替换等编辑数据。对于数据处理与分析而言，这些功能使得修正错误和更新信息变得简单快捷。

2. 格式设置

Excel 的格式设置功能主要用于调整数据的显示格式，包括数字格式、对齐方式、字体格式、单元格颜色和背景图案等。这些功能可以突出显示特定数据，以方便用户处理和分析数据时提高操作效率。

3. 公式与函数

Excel 的公式允许用户通过编写数学表达式来进行计算，这些表达式可以包含单元格引用、数值、运算符和内置函数。函数则是 Excel 的强大工具，如 SUM 函数用于求和、AVERAGE 函数用于计算平均值、VLOOKUP 函数用于查找匹配的数据等。这些函数可以处理大量数据，自动更新结果，从而极大地提高数据计算的效率。

4. 数据管理

Excel 的数据管理功能主要包括排序、筛选、数据验证等。排序功能可以根据一个或多个列的值对数据进行升序或降序排列，便于用户快速找到所需要的数据；筛选功能则允许用户根据特定条件显示数据子集，隐藏不相关的信息；数据验证功能可以设置规则来限制用户输入的数据类型或值，确保数据的准确性和一致性。

5. 数据分析

Excel 提供了多种数据分析工具，如描述性统计、回归分析、相关分析等。这些工具使 Excel 不仅仅是一个简单的电子表格程序，更是一个强大的数据分析平台，能够快速分析各种复杂的数据。

6. 图表制作

Excel 的图表功能可以将工作表中的数据转换成各种图表，如柱状图、折线图、饼图、散点图等，并可以自定义图表元素、设置图表格式等，从而得以可视化数据，并展示出数据的大小、趋势和比例等各种关系。

1.1.2 Excel 在数据处理与分析领域的应用

Excel 在数据处理与分析领域的应用非常广泛，几乎适用于任何需要数据处理和分析的场景。表 1-1 中罗列了部分应用场景的情况，由此可以看出 Excel 在数据处理与分析领域的强大之处。

表 1-1　Excel 在数据处理与分析领域的部分应用

行业	场景	应用情况
财务与会计	财务报表编制	创建月度、季度和年度财务报表，包括利润表、资产负债表和现金流量表
	成本分析	分析产品或服务的成本结构，计算总成本和单位成本
	预算编制	制订公司或部门的预算计划，跟踪实际支出与预算的差异
	财务建模	构建财务模型以预测未来的收入、支出和利润
市场营销与销售	销售数据分析	分析销售数据，识别销售趋势、热点产品和潜在的市场机会
	客户细分	根据购买行为、地理位置等标准对客户进行细分
	广告预算分配	根据广告效果和成本效益分析来分配广告预算
	预测销售	使用时间序列分析等方法预测未来的销售量
人力资源	员工信息管理	记录和维护员工个人信息、工资、福利和休假情况
	薪酬和福利分析	分析不同职位或部门的薪酬和福利水平
	员工绩效评估	跟踪员工绩效数据，进行绩效评估和排名
供应链管理	库存管理	跟踪库存水平，预测库存需求，避免过剩或缺货
	采购分析	分析供应商的价格、质量和交货时间，优化采购决策
	物流成本分析	计算物流成本，寻找成本节约的机会
生产与运营	生产计划	根据销售预测和库存水平制订生产计划
	质量控制	分析生产过程中的质量问题，实施改进措施
	设备维护记录	记录设备维护历史，预测维护需求
教育与研究	数据记录与分析	在教育研究中记录实验数据，进行分析和报告
	学生成绩管理	跟踪学生成绩，生成成绩单和统计分析

1.2
Excel 基础操作

Excel 是一款优秀且普及率较高的电子表格制作软件。其丰富且强大的功能可以轻松完成数据的处理与分析任务。掌握 Excel 的基础操作，有利于熟悉 Excel 的操作界面和使用方法，为后续使用该软件处理和分析数据打下坚实基础。

1.2.1　课堂案例——借助讯飞星火制作"销售订单明细"表格

【制作要求】询问讯飞星火关于"销售订单明细"表格的结构，然后利用 Excel 2019 制作"销售订单明细"表格，要求订单数据清晰易读，数据类型合理，表格整体呈现简洁美观的效果。

【操作要点】通过手动输入并结合填充、数据验证的方式输入表格数据，然后适当美化单元格和数据内容。参考效果如图 1-1 所示。

【效果位置】配套资源：\效果文件\第 1 章\销售订单明细.xlsx。

销售订单明细				
订单编号	下单日期	客户姓名	商品名称	订单金额/元
A1001	2024年3月10日	潘淇	茶几	1,200.0
A1002	2024年3月10日	张依馨	沙发	7,800.0
A1003	2024年3月10日	高馨	餐桌	2,000.0
A1004	2024年3月11日	蒋雪悦	茶几	560.0
A1005	2024年3月11日	张和	沙发	8,200.0
A1006	2024年3月11日	沈嘉芳	沙发	4,200.0
A1007	2024年3月12日	钱宜珍	餐椅	1,050.0
A1008	2024年3月12日	杨云	茶几	1,400.0
A1009	2024年3月13日	江丹	沙发	4,600.0
A1010	2024年3月14日	汤琳娴	沙发	9,100.0
A1011	2024年3月14日	邱惠	餐桌	2,200.0
A1012	2024年3月14日	万文奇	餐桌	1,600.0
A1013	2024年3月15日	宋妍	茶几	1,030.0
A1014	2024年3月15日	孟嘉	沙发	5,400.0

图 1-1

其具体操作如下。

STEP 01 启动浏览器软件，利用搜索引擎搜索"讯飞星火"，访问讯飞星火官方网站。注册一个账号并登录，然后单击 开始对话 ◎ 按钮，如图 1-2 所示。

图 1-2

STEP 02 在文本框中单击鼠标定位插入点，输入需要询问的内容（即提示词），如图 1-3 所示，完成后单击"提交"按钮 ↑ 或直接按【Enter】键提交内容。

图 1-3

STEP 03 讯飞星火将根据问题给出反馈，如图 1-4 所示。结合公司的具体情况，对讯飞星火的反馈进行修改，最终这里确定销售订单明细表格的项目为订单编号、下单日期、客户姓名、商品名称、订单金额/元。

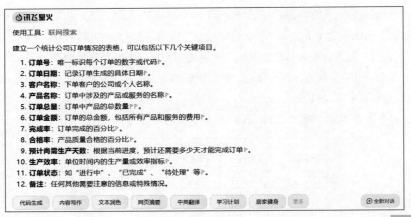

图 1-4

STEP 04 启动 Excel 2019，在打开的界面中选择"新建"栏下的"空白工作簿"选项，新建空白的工作簿，然后单击操作界面左上角的"保存"按钮，在打开的界面中选择"浏览"，如图 1-5 所示。

视频教学：
借助讯飞星火制作
"销售订单明细"表格

STEP 05 打开"另存为"对话框，在左侧的列表中选择工作簿的保存位置，在"文件名"文本框中输入"销售订单明细"，单击 保存(S) 按钮，如图 1-6 所示。

图 1-5

图 1-6

STEP 06 单击操作界面下方的"Sheet2"工作表标签，按住【Ctrl】键的同时单击"Sheet3"工作表标签，在所选工作表标签上单击鼠标右键，在弹出的快捷菜单中选择"删除"命令，删除多余的工作表，如图 1-7 所示。

STEP 07 选择 A1 单元格（即第 1 行第 A 列对应的单元格），输入"销售订单明细"，按【Enter】键确认输入并自动选择下方相邻的 A2 单元格，如图 1-8 所示。

知识
拓展

选择单元格并输入数据后，按【Ctrl+Enter】组合键可确认输入并选择当前单元格；按【Tab】键可确认输入并选择右侧相邻的单元格；按【Shift+Tab】组合键可确认输入并选择左侧相邻的单元格。

图 1-7   图 1-8

STEP 08 按相同方法依次在 A2:E2 单元格区域中输入销售订单明细表格各个项目的文本数据，如图 1-9 所示。

STEP 09 选择 A3 单元格，输入"A1001"，按【Ctrl+Enter】组合键确认输入并选择该单元格，将鼠标指针移至 A3 单元格右下角的填充柄上，当鼠标指针变为+形状时，按住鼠标左键不放并拖曳至 A16 单元格，然后释放鼠标，Excel 将自动填充各订单编号数据，如图 1-10 所示。

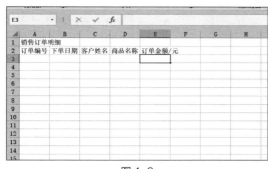

图 1-9   图 1-10

STEP 10 在 B3:B16 单元格区域中以"年/月/日"的方式输入下单日期，在 C3:C16 单元格区域中输入客户姓名，如图 1-11 所示。

STEP 11 选择 D3:D16 单元格区域，在【数据】/【数据工具】组中单击"数据验证"按钮，打开"数据验证"对话框，在"设置"选项卡的"允许"下拉列表中选择"序列"，在"来源"文本框中输入"沙发,茶几,餐桌,餐椅"，其中","需要在英文状态下输入，表示所选单元格区域只能输入","分隔的这几种数据对象，单击 确定 按钮，如图 1-12 所示。

图 1-11   图 1-12

STEP 12 选择 D3 单元格，此时该单元格右侧将出现下拉按钮，单击该下拉按钮，在弹出的下拉列表中选择"茶几"，如图 1-13 所示。

STEP 13 按相同方法，通过选择的方式输入其他订单的商品名称，然后在 E3:E16 单元格区域中输入订单金额数据，如图 1-14 所示。

图 1-13　　　　　　　　　　　　　　　　　　　图 1-14

STEP 14 选择 B3:B16 单元格区域，单击【开始】/【数字】组中的"对话框启动器"按钮，打开"设置单元格格式"对话框，在"数字"选项卡的"分类"列表中选择"日期"，在"类型"下拉列表中选择"*2012 年 3 月 14 日"，单击　确定　按钮，如图 1-15 所示。

图 1-15

STEP 15 选择 E3:E16 单元格区域，在【开始】/【数字】组中依次单击"千位分隔样式"按钮和"减少小数位数"按钮，设置前后的对比效果如图 1-16 所示。

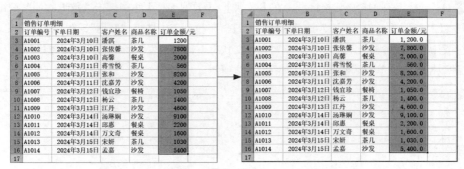

图 1-16

STEP 16 选择 A1:E1 单元格区域，在【开始】/【对齐方式】组中单击"合并后居中"按钮，使表格标题以单个单元格的形式出现在表格数据正上方，如图 1-17 所示。

STEP 17 选择 A2:E16 单元格区域，继续在"对齐方式"组中单击"居中"按钮，使数据居中对齐（应用了千位分隔样式的数字保持右对齐），如图 1-18 所示。

图 1-17

图 1-18

STEP 18 选择 A1:E16 单元格区域，在【开始】/【字体】组的"字体"下拉列表中选择"方正宋三简体"，使所选单元格区域应用该字体样式，效果如图 1-19 所示。

STEP 19 选择 A1 单元格，在【开始】/【字体】组的"字号"下拉列表中选择"14"，然后单击"加粗"按钮 **B**，效果如图 1-20 所示。

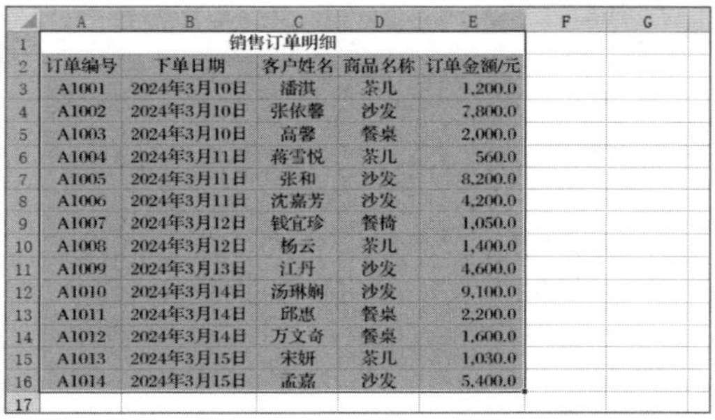

图 1-19

图 1-20

STEP 20 选择 A2:E2 单元格区域，再次单击"加粗"按钮 **B**，突出显示表格标题和表格项目数据，效果如图 1-21 所示。

STEP 21 将鼠标指针移至 A 列与 B 列的分隔线上，当其变为图 1-22 所示的 ✛ 形状时，按住鼠标左键不放向右拖曳鼠标，至合适位置释放鼠标，增加 A 列列宽。

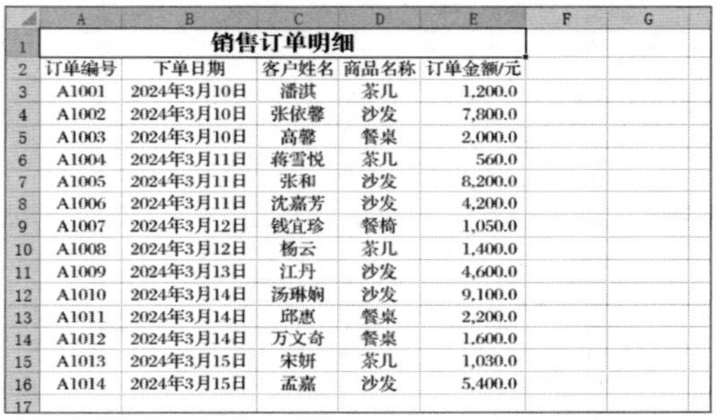

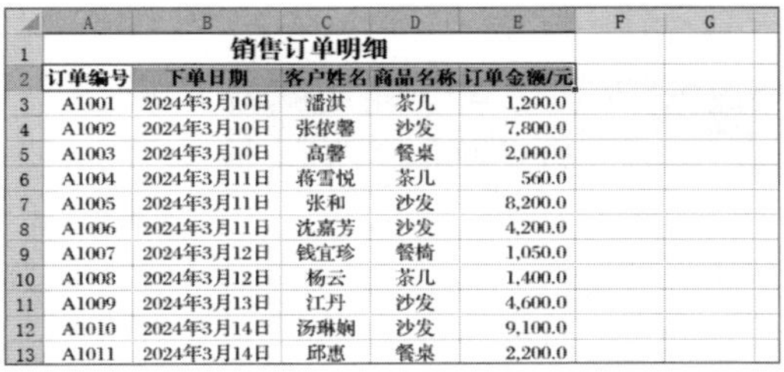

图 1-21

图 1-22

STEP 22 按相同方法调整其他包含数据的各列列宽，提高表格数据的可读性和美观性，效果如图 1-23 所示。

STEP 23 将鼠标指针移至第 1 行与第 2 行的分隔线上，当其变为图 1-24 所示的 ✛ 形状时，按住鼠标左键不放向下拖曳鼠标，至合适位置释放鼠标，增加第 1 行行高。

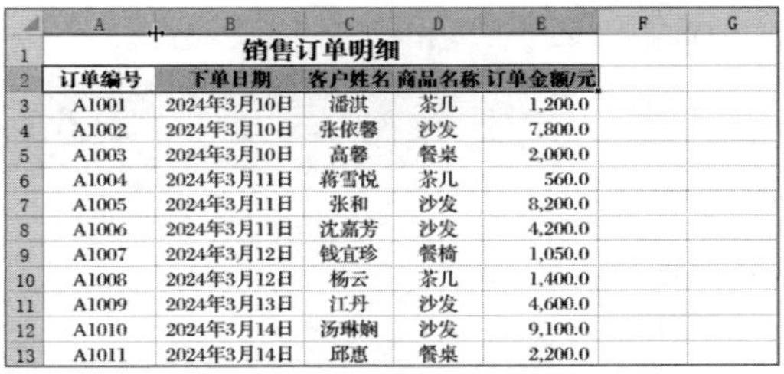

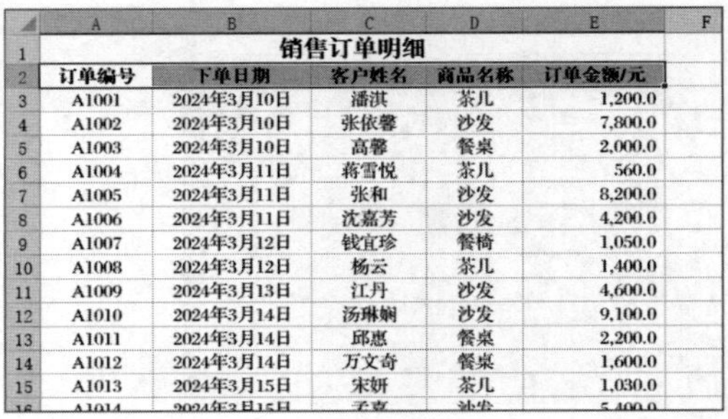

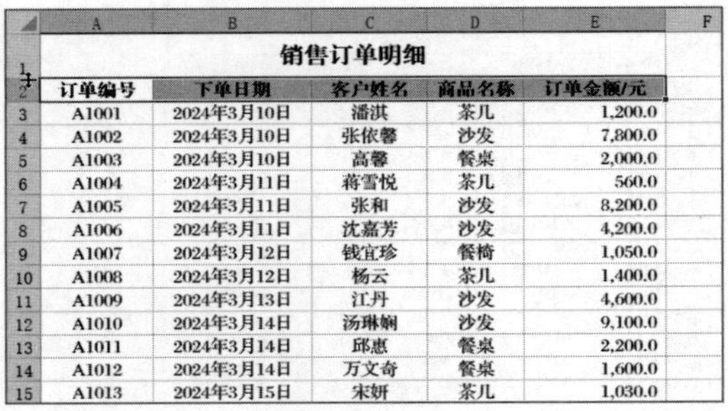

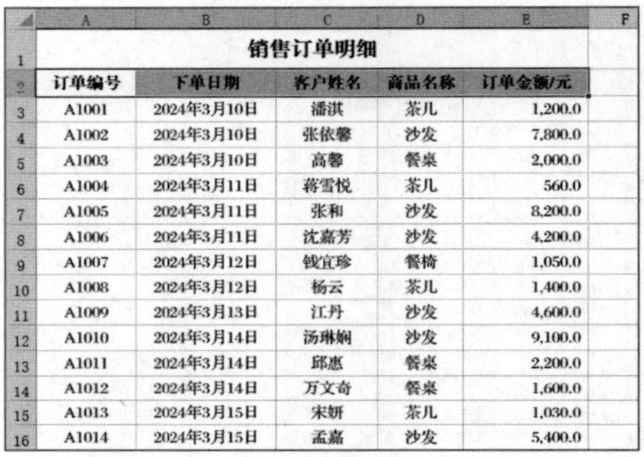

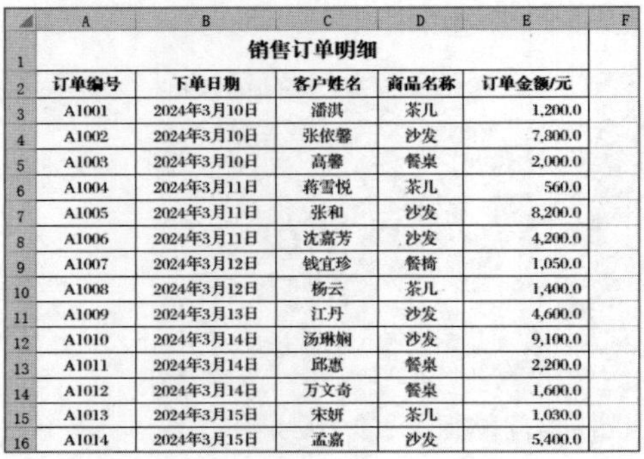

销售订单明细				
订单编号	下单日期	客户姓名	商品名称	订单金额/元
A1001	2024年3月10日	潘淇	茶几	1,200.0
A1002	2024年3月10日	张依馨	沙发	7,800.0
A1003	2024年3月10日	高馨	餐桌	2,000.0
A1004	2024年3月11日	蒋雪悦	茶几	560.0
A1005	2024年3月11日	张和	沙发	8,200.0
A1006	2024年3月11日	沈嘉芳	沙发	4,200.0
A1007	2024年3月12日	钱宜珍	餐椅	1,050.0
A1008	2024年3月12日	杨云	茶几	1,400.0
A1009	2024年3月13日	江丹	沙发	4,600.0
A1010	2024年3月14日	汤琳娴	沙发	9,100.0
A1011	2024年3月14日	邱惠	餐桌	2,200.0
A1012	2024年3月14日	万文奇	餐桌	1,600.0
A1013	2024年3月15日	宋妍	茶几	1,030.0

图 1-23

销售订单明细				
订单编号	下单日期	客户姓名	商品名称	订单金额/元
A1001	2024年3月10日	潘淇	茶几	1,200.0
A1002	2024年3月10日	张依馨	沙发	7,800.0
A1003	2024年3月10日	高馨	餐桌	2,000.0
A1004	2024年3月11日	蒋雪悦	茶几	560.0
A1005	2024年3月11日	张和	沙发	8,200.0
A1006	2024年3月11日	沈嘉芳	沙发	4,200.0
A1007	2024年3月12日	钱宜珍	餐椅	1,050.0
A1008	2024年3月12日	杨云	茶几	1,400.0
A1009	2024年3月13日	江丹	沙发	4,600.0
A1010	2024年3月14日	汤琳娴	沙发	9,100.0
A1011	2024年3月14日	邱惠	餐桌	2,200.0
A1012	2024年3月14日	万文奇	餐桌	1,600.0
A1013	2024年3月15日	宋妍	茶几	1,030.0

图 1-24

STEP 24 使用相同方法调整其他包含数据的各行行高，效果如图 1-25 所示。

STEP 25 选择 A1:E16 单元格区域，在【开始】/【字体】组中单击“边框”按钮右侧的下拉按钮，在弹出的下拉列表中选择“所有框线”，效果如图 1-26 所示。按【Ctrl+S】组合键保存表格。

销售订单明细				
订单编号	下单日期	客户姓名	商品名称	订单金额/元
A1001	2024年3月10日	潘淇	茶几	1,200.0
A1002	2024年3月10日	张依馨	沙发	7,800.0
A1003	2024年3月10日	高馨	餐桌	2,000.0
A1004	2024年3月11日	蒋雪悦	茶几	560.0
A1005	2024年3月11日	张和	沙发	8,200.0
A1006	2024年3月11日	沈嘉芳	沙发	4,200.0
A1007	2024年3月12日	钱宜珍	餐椅	1,050.0
A1008	2024年3月12日	杨云	茶几	1,400.0
A1009	2024年3月13日	江丹	沙发	4,600.0
A1010	2024年3月14日	汤琳娴	沙发	9,100.0
A1011	2024年3月14日	邱惠	餐桌	2,200.0
A1012	2024年3月14日	万文奇	餐桌	1,600.0
A1013	2024年3月15日	宋妍	茶几	1,030.0
A1014	2024年3月15日	孟嘉	沙发	5,400.0

图 1-25

销售订单明细				
订单编号	下单日期	客户姓名	商品名称	订单金额/元
A1001	2024年3月10日	潘淇	茶几	1,200.0
A1002	2024年3月10日	张依馨	沙发	7,800.0
A1003	2024年3月10日	高馨	餐桌	2,000.0
A1004	2024年3月11日	蒋雪悦	茶几	560.0
A1005	2024年3月11日	张和	沙发	8,200.0
A1006	2024年3月11日	沈嘉芳	沙发	4,200.0
A1007	2024年3月12日	钱宜珍	餐椅	1,050.0
A1008	2024年3月12日	杨云	茶几	1,400.0
A1009	2024年3月13日	江丹	沙发	4,600.0
A1010	2024年3月14日	汤琳娴	沙发	9,100.0
A1011	2024年3月14日	邱惠	餐桌	2,200.0
A1012	2024年3月14日	万文奇	餐桌	1,600.0
A1013	2024年3月15日	宋妍	茶几	1,030.0
A1014	2024年3月15日	孟嘉	沙发	5,400.0

图 1-26

1.2.2 Excel 操作界面的组成

Excel 是微软公司开发的 Office 办公软件中的一款用于电子表格处理的软件。它拥有多个版本，本书以 Excel 2019 为例进行介绍。图 1-27 所示为 Excel 2019 的操作界面，该界面主要由标题栏、功能区、编辑栏、工作表区和状态栏部分组成。

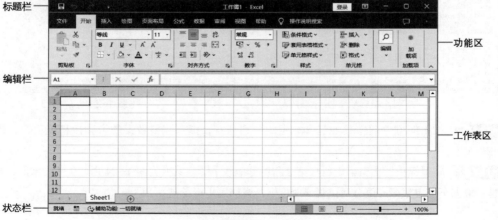

图 1-27

1．标题栏

标题栏位于操作界面的最上方，主要由快速访问工具栏、工作簿标题、 登录 按钮、"功能区显示选项"按钮 和界面控制按钮等部分组成，如图 1-28 所示。其中，快速访问工具栏可以显示常用的操作按钮，以快速实现对应的操作，如保存、撤销、恢复等，单击其右侧的下拉按钮 ，可在弹出的下拉列表中根据操作者个人操作习惯选择需要显示或隐藏的按钮；工作簿标题用于显示当前编辑的文件名称； 登录 按钮用于登录或注册账号；"功能区显示选项"按钮 可以控制功能区的显示内容和显示方式；界面控制按钮位于标题栏右侧，主要用于控制操作界面的显示状态，包括"最小化"按钮 、"最大化"按钮 和"关闭"按钮 ，分别用于将操作界面最小化到任务栏、将操作界面最大化显示在桌面和关闭操作界面。如果操作界面处于最大化显示状态时，"最大化"按钮 将显示为"还原"按钮 ，单击"还原"按钮 可以使操作界面还原为最大化之前的大小。

图 1-28

2．功能区

功能区是所有工具按钮、参数选项的集合区，由若干功能选项卡组成，每个功能选项卡中又包含若干功能组（简称组），各个功能组中包含不同的工具按钮和参数选项。图 1-29 所示为"视图"选项卡中的内容，包含"工作簿视图""显示""缩放""窗口"和"宏"等功能组，主要用于调整和控制操作界面的视图模式、显示内容、显示比例和显示方式等属性。

图 1-29

3．编辑栏

编辑栏位于功能区下方，由名称框、编辑按钮和编辑框组成，如图 1-30 所示。其中，名称框可以显示当前所选单元格的名称；编辑按钮位于名称框右侧，包含"取消"按钮 、"输入"按钮 和"插入函数"按钮 ，将插入点定位到右侧的编辑框时，这 3 个按钮将被激活，单击"取消"按钮 可取消输入的内容，单击"输入"按钮 可确定输入的内容，单击"插入函数"按钮 可打开"插入函数"对话框；编辑框的作用是显示和编辑当前单元格中的数据，在其中可以输入包括文本、公式或函数等在内的各种数据。

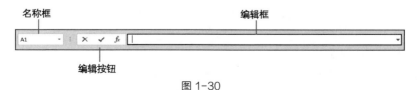

图 1-30

4. 工作表区

工作表区是 Excel 2019 主要的数据编辑区域，由单元格、"全选"按钮■、行号、列标、滚动条、工作表标签等部分组成，如图 1-31 所示。其中，单元格是 Excel 2019 最小的存储单元，是构成工作表的基本元素；"全选"按钮■可以在单击时快速选择当前工作表中的所有单元格；行号用于标识某行单元格，显示内容为从小到大连续的阿拉伯数字，单击某个行号可选择对应的整行单元格；列标用于标识某列单元格，显示内容为按顺序排列的大写英文字母，单击某个列标可选择对应的整列单元格；滚动条分为水平滚动条和垂直滚动条，拖曳滚动条可以显示当前工作表区中未显示出来的内容；工作表标签可以显示工作表的名称，单击某个工作表标签可快速切换到该工作表。

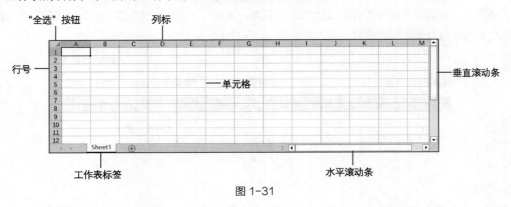

图 1-31

5. 状态栏

状态栏位于操作界面最下方，用于显示当前数据的编辑情况，包括页面当前编辑状态区、页面视图按钮区和页面显示比例区，如图 1-32 所示。其中，页面当前编辑状态区可以显示不同的操作状态，如输入、编辑、就绪等，单击该区域中的"录制新宏"按钮■可开始录制宏，以实现自动化操作；页面视图按钮区包含"普通"按钮■、"页面布局"按钮■和"分页预览"按钮■3 个按钮，单击相应的按钮可分别将工作表视图模式切换到普通视图模式、页面布局模式和分页预览模式；页面显示比例区用于控制工作表区的显示大小，拖曳滑块可对工作表区进行放大或缩小操作，单击显示比例数字，则打开"缩放"对话框，在其中可设置显示比例大小。

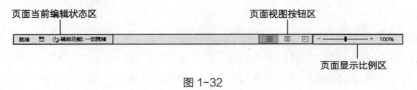

图 1-32

1.2.3 数据的输入

输入数据是处理和分析数据的前提，当无法从外部渠道有效获取数据时，只能通过输入的方式得到数据内容。

1. 输入不同类型的数据

输入数据的基本方法：选择单元格，直接输入数据或在编辑框中输入数据，完成后按【Enter】键确认输入。另外，也可双击单元格定位插入点，然后在单元格或编辑框中输入数据，完成后同样按【Enter】

键确认。

在 Excel 2019 中，可以根据需要输入不同类型的数据，包括文本、正数、负数、小数、百分数、分数、日期、时间、货币等数据，输入方法与显示效果如表 1-2 所示。

表 1-2　不同类型数据的输入方法和显示效果

类型	举例	输入方法	单元格显示	编辑框显示
文本	姓名	直接输入	姓名，左对齐	姓名
正数	100	直接输入	100，右对齐	100
负数	-100	输入"-"，然后输入"100"；或输入英文状态下的"( )"，并在其中输入数据，即"(100)"	-100，右对齐	-100
小数	3.14	依次输入整数、小数点和小数	3.14，右对齐	3.14
百分数	100%	依次输入数据和百分号，百分号利用【Shift+5】组合键输入	100%，右对齐	100%
分数	$2\frac{1}{2}$	依次输入整数部分（真分数则输入"0"）、空格、分子、"/"和分母	2 1/2，右对齐	2.5
日期	2024 年 5 月 4 日	依次输入年月日数据，中间用"/"或"-"隔开	2024/5/4，右对齐	2024/5/4
时间	12 点 2 分 2 秒	依次输入时分秒数据，中间用英文状态下的":"隔开	12:02:02，右对齐	12:02:02
货币	¥1000	依次输入货币符号和数据，其中人民币符号需在中文输入法的环境下按【Shift+4】组合键输入	¥1,000，右对齐	1000

2. 插入特殊符号

当需要输入一些无法利用键盘直接输入的特殊符号时，可以利用 Excel 2019 的"插入"功能插入符号。其方法：选择需插入特殊符号的单元格或通过双击单元格的方式将插入点定位在单元格中需插入特殊符号的位置，在【插入】/【符号】组中单击"符号"按钮 Ω，打开"符号"对话框，在"符号"选项卡的"字体"下拉列表中选择某种符号字体，在"子集"下拉列表中选择某种符号子集，然后选择所需的符号选项，单击 插入(I) 按钮，如图 1-33 所示。

图 1-33

3. 填充数据

在 Excel 2019 中，可以通过"序列"功能快速填充等差序列、等比序列、日期等数据，以提高数据的输入效率。其方法：在序列所在的起始单元格中输入起始数据，选择序列所在的单元格区域，在【开始】/【编辑】组中单击 ↓ 填充 按钮，在弹出的下拉列表中选择"序列"，打开"序列"对话框，在"类型"栏中单击选中序列对应的类型单选项，这里单击选中"日期"，然后在"日期单位"栏中进一步设置填充的日期单位，这里单击选中"月"，在"步长值"文本框中输入序列中每个数据之间的间隔，即步长，完成后单击 确定 按钮，如图 1-34 所示。

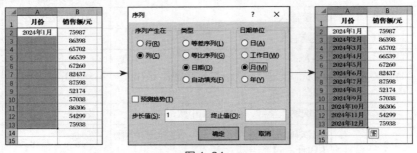

图 1-34

> **知识拓展**
>
> 在单元格中输入数据，如"1"，然后选择该单元格，按住【Ctrl】键的同时拖曳单元格右下角的填充柄可以填充步长值为"1"的等差序列，直接拖曳填充柄则可填充相同数据"1"；在单元格中输入"1"，在下方相邻的单元格中输入序列中的第 2 个数据，如"3"，然后选择这两个单元格，拖曳右下角的填充柄，此时可以填充步长值为"2"的等差序列，按此方法可以填充其他等差序列或等比序列。

4. 限制输入内容

手动输入数据时，为了避免输入错误数据，可以利用 Excel 2019 的"数据验证"功能限制输入的内容。其方法：选择需要输入数据的单元格区域，在【数据】/【数据工具】组中单击"数据验证"按钮 ，打开"数据验证"对话框，在"设置"选项卡的"允许"下拉列表中设置限制的对象，如整数、小数、序列、日期、时间等，在"数据"下拉列表中设置限制条件，如"介于""等于"等，以及根据限制条件进一步设置最小值和最大值等，如图 1-35 所示。

图 1-35

当设置限制输入后，还可以进一步设置提示输入错误。其方法：在"数据验证"对话框中单击"出错警告"选项卡，在"样式"下拉列表中选择出错警告样式，在"标题"文本框和"错误信息"文本框中设置警告标题和信息，完成后单击 确定 按钮，如图 1-36 所示。设置后，当输入的数据不符合设置的条件时，将打开提示对话框提示输入错误，如图 1-37 所示。

图 1-36

图 1-37

提示

  Excel 2019 提供 3 种出错警告样式：设置为"停止"样式，当输入错误数据后，单击提示对话框中的 重试(R) 按钮可以重新输入；设置为"警告"样式，当输入错误数据后，单击提示对话框中的 是(Y) 按钮可允许输入，单击 否(N) 按钮可重新输入；设置为"信息"样式，当输入错误数据后，单击提示对话框中的 确定(O) 按钮可允许输入。无论哪种出错警告样式，在提示对话框中单击 取消(C) 按钮都将取消限制，允许输入。

1.2.4 数据的编辑

  输入数据后，可以随时对数据内容进行修改、移动和复制等编辑操作，提高数据的精确性，为处理与分析数据提供更有价值的数据来源。

1. 修改数据

  修改数据的方法与输入数据的类似。当需要修改单元格中的所有数据时，只需选择该单元格，重新输入新的数据后按【Enter】键确认；当需要修改单元格中的部分数据时，可选择该单元格，在编辑框中选择需要修改的部分，重新输入新的数据后按【Enter】键确认。

  如果需要删除单元格中的所有数据，可选择该单元格后按【Delete】键；若需要删除的是部分数据，可选择该单元格，在编辑框中选择需要删除的部分，按【Delete】键删除后按【Enter】键确认；如果需要在单元格中添加新的数据，可选择该单元格，在编辑框中单击鼠标左键将插入点定位到需要添加数据的位置，输入新的数据后按【Enter】键确认。

2. 移动数据

  移动数据是指将单元格中的数据移动到另一个单元格中。其方法：选择数据所在的单元格，在编辑框中选择数据，按【Ctrl+X】组合键，或在选择的数据上单击鼠标右键，在弹出的快捷菜单中选择"剪切"命令，或单击【开始】/【剪贴板】组中的"剪切"按钮 ，将选择的数据剪切到剪贴板上；接着选择目标单元格，在编辑框中单击鼠标左键定位插入点，按【Ctrl+V】组合键，或在编辑框中单击鼠标右键，在弹出的快捷菜单中单击"粘贴"按钮 ，或单击【开始】/【剪贴板】组中的"粘贴"按钮 ，将剪贴板中的数据粘贴到目标单元格中，从而实现数据的移动操作，如图 1-38 所示。

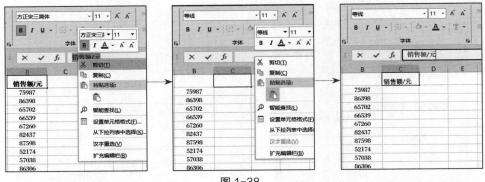

图 1-38

3. 复制数据

复制数据是指将单元格中的数据复制到另一个单元格中。其方法：选择数据所在的单元格，在编辑框中选择数据，按【Ctrl+C】组合键，或在选择的数据上单击鼠标右键，在弹出的快捷菜单中选择"复制"命令，或单击【开始】/【剪贴板】组中的"复制"按钮，将选择的数据复制到剪贴板上；接着选择目标单元格，在编辑框中单击鼠标左键定位插入点，按【Ctrl+V】组合键，或在编辑框中单击鼠标右键，在弹出的快捷菜单中单击"粘贴"按钮，或单击【开始】/【剪贴板】组中的"粘贴"按钮，将剪贴板中的数据粘贴到目标单元格中，从而实现数据的复制操作，如图 1-39 所示。

图 1-39

> **提示**
>
> 无论是移动数据还是复制数据，针对的都是单元格中的数据对象。如果选择单元格，然后按照移动或复制数据的方法对单元格进行移动或复制操作，则可以将单元格及其包含的数据，移动或复制到其他单元格中，单元格自身的格式及单元格中的数据格式会一并移动或复制。

4. 撤销与恢复操作

当使用 Excel 2019 执行了错误操作后，可以利用"撤销"功能快速纠正错误。如果需要恢复到撤销前的状态，则可以利用"恢复"功能快速恢复。

实现撤销操作的方法：按【Ctrl+Z】组合键，或单击快速访问工具栏中的"撤销"按钮，如图 1-40 所示，连续按该组合键或连续单击该按钮，可连续撤销最近执行的操作，单击"撤销"按钮右侧的下拉按钮，可在弹出的下拉列表中选择需要快速撤销到的某个操作。

实现恢复操作的方法：按【Ctrl+Y】组合键，或单击快速访问工具栏中的"恢复"按钮，连续按该组合键或连续单击该按钮，可连续恢复最近撤销的操作，单击"恢复"按钮右侧的下拉按钮，可在弹出的下拉列表中选择需要快速恢复到的某个操作。

图 1-40

1.2.5　数据的设置与美化

设置与美化数据的目的在于更好地呈现数据，这包括设置与美化数据本身，以及设置与美化数据所在单元格两个方面。

1. 设置数据类型

为了提高操作效率，在输入数据时往往会采取输入整数数据或小数数据的方式，然后通过设置数据类型快速得到想要的数据。Excel 2019 可以设置许多数据类型，如数值型、货币型、会计专用型、日期型等。其方法：选择数据所在的单元格区域，在【开始】/【数字】组中单击"对话框启动器"按钮，打开"设置单元格格式"对话框，在"数字"选项卡的"分类"列表中选择数据类型，在对话框右侧进一步设置该数据类型，完成后单击 确定 按钮，如图 1-41 所示。

图 1-41

2. 美化数据

美化数据可以有效地提升表格的可读性和层次性，主要涉及字体和对齐方式的设置。其方法：选择需美化的数据所在的单元格或单元格区域，分别在【开始】/【字体】组和【开始】/【对齐方式】组中进行设置，各设置参数的作用如图 1-42 所示。

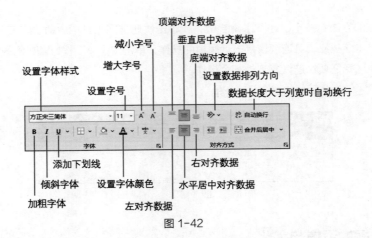

图 1-42

3. 合并单元格

合并单元格是指将连续的多个单元格合并为一个单元格。其方法：选择连续的单元格区域，在【开始】/【对齐方式】组中单击"合并后居中"按钮，所选单元格区域将合并为一个单元格，且单元格中的数据居中显示，如图 1-43 所示。

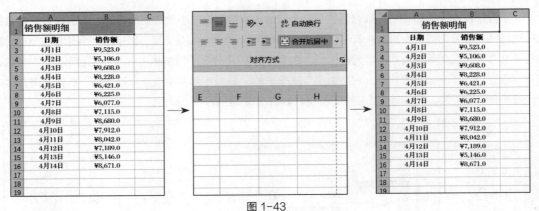

图 1-43

4. 添加边框和底纹

边框和底纹的添加针对的是单元格而不是单元格中的数据。其目的一方面是美化表格，另一方面是凸显重要数据。其方法：选择需要添加边框或底纹的单元格或单元格区域，在【开始】/【字体】组中单击"边框"按钮右侧的下拉按钮，在弹出的下拉列表中单击"边框"栏中的某种边框选项，即可快速为所选单元格或单元格区域添加边框；在【开始】/【字体】组中单击"填充颜色"按钮右侧的下拉按钮，在弹出的下拉列表中选择某种色块，即可快速为所选单元格或单元格区域添加底纹效果。

如果要精确设置边框和底纹效果，可选择需要设置的单元格或单元格区域，在【开始】/【字体】组中单击"对话框启动器"按钮，打开"设置单元格格式"对话框，单击"边框"选项卡，在其中可设置边框效果；单击"填充"选项卡，在其中可设置底纹效果，设置完成后单击　确定　按钮，如图 1-44 所示。

资源链接：
边框和底纹的
设置参数详解

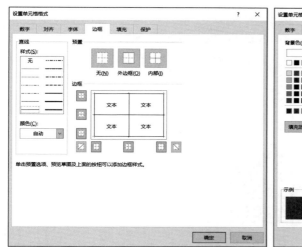
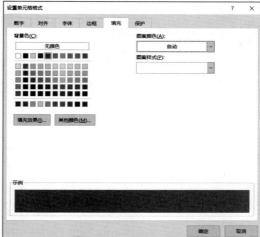

图 1-44

5．调整行高与列宽

单元格的行高与列宽直接影响数据的显示与表格的美观，为了便于处理与分析数据，可以调整行高与列宽。其方法：将鼠标指针移至需调整行高的单元格所对应的行号下方，当鼠标指针变为 ✚ 状态时，按住鼠标左键不放并拖曳，将行高调整到所需高度后释放鼠标，如图 1-45 所示；将鼠标指针移至需调整列宽的单元格所对应的列标右侧，当鼠标指针变为 ✚ 状态时，按住鼠标左键不放并拖曳，将列宽调整到所需宽度后释放鼠标，如图 1-46 所示。

图 1-45

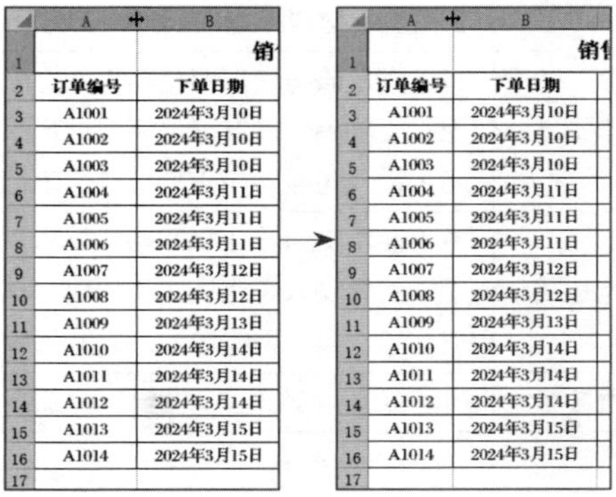

图 1-46

若想要精确调整行高（或列宽），可在对应的行号（或列标）上单击鼠标右键，在弹出的快捷菜单中选择"行高"命令（或"列宽"命令），打开"行高"对话框（或"列宽"对话框），在文本框中输入具体数值后，单击 确定 按钮，如图 1-47 所示。

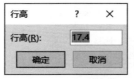

图 1-47

知识拓展　拖曳鼠标同时选择多行行号或多列列标，或按【Ctrl】键同时选择不相邻的行号或列标，按照拖曳鼠标调整行高或列宽的方法，或按照精确设置行高或列宽的方法，均可实现同时调整多行行高或多列列宽。

综合实训

1.3.1　借助文心一言制作"材料采购记录"表格

材料采购记录可以将日常采购的各种材料数据整理起来。对企业而言，材料采购记录能够为企业采购活动提供数据支持，如采购成本、采购周期、采购量等。这些数据有助于企业进行决策分析和业务规划。表 1-3 所示为本次实训的任务单。

表 1-3　借助文心一言制作"材料采购记录"表格的任务单

实训背景	某乡镇铸造厂为了方便统计和管理，决定将材料采购数据记录到 Excel 2019 表格中，通过该表格显示材料采购的日期、单号、采购内容和相应的负责人（采购员）
制作要求	（1）满足该铸造厂对材料采购记录表格的内容要求； （2）能够高效、准确地完成材料采购数据的输入； （3）输入时要考虑表格标题、表格项目的位置，减少后期表格美化的操作
制作思路	（1）使用文心一言获取材料采购记录表的项目情况； （2）首先输入表格标题和项目，然后输入各条采购记录； （3）年、月、采购单号、采购员等数据，可以借助填充数据、验证数据的方式输入
效果位置	配套资源：\效果文件\第 1 章\综合实训\材料采购记录.xlsx
参考效果	

参考效果表格：

	A	B	C	D	E	F	G	H	I	J	K	L	M
1	材料采购记录												
2	采购日期												
3	年	月	日	采购单号	材料名称	数量/吨	单价/元	采购员					
4	2024	4	2	FYCL001	铸铁	10	2500	赵小伟					
5	2024	4	2	FYCL002	木材	20	4000	钱大强					
6	2024	4	2	FYCL003	铝型材	0.5	22000	钱大强					
7	2024	4	5	FYCL004	铸铁	5	2600	赵小伟					
8	2024	4	10	FYCL005	铸铁	10	2450	赵小伟					
9	2024	4	12	FYCL006	铸铁	10	2450	赵小伟					
10	2024	4	12	FYCL007	木材	10	4200	钱大强					
11	2024	4	12	FYCL008	铝型材	1	21000	钱大强					
12	2024	4	14	FYCL009	铸铁	6	2600	钱大强					
13	2024	4	16	FYCL010	木材	5	4250	赵小伟					
14	2024	4	19	FYCL011	铸铁	10	2500	钱大强					
15	2024	4	20	FYCL012	木材	5	4250	赵小伟					
16	2024	4	24	FYCL013	铸铁	5	2550	钱大强					
17													
18													

本实训的操作提示如下。

STEP 01 注册并登录文心一言官方网站，询问材料采购记录表的项目情况，结合铸造厂实际情况来确定表格项目。

STEP 02 新建并保存"材料采购记录.xlsx"表格，在 A1 单元格中输入表格标题。

STEP 03 在 A2 单元格及 A3:H3 单元格区域中分别输入表格项目。

STEP 04 输入每一次采购材料的日、材料名称、数量和单价数据。

STEP 05 通过填充数据的方式填充每一次采购材料的年、月和采购单号数据，注意利用【Ctrl】键控制填充的内容。

STEP 06 选择 H4:H16 单元格区域，利用"数据验证"功能创建序列，内容为"赵小伟""钱大强"，然后通过选择输入的方式输入采购员数据。

视频教学：
借助文心一言
制作"材料采购
记录"表格

1.3.2 编辑与美化"材料采购记录"表格数据

在 Excel 2019 中输入数据后，通常需要编辑与美化表格，如合并单元格、调整行高和列宽、设置字体格式和对齐方式、调整数据类型、添加边框和底纹等。这些操作都是为了更好地展现表格数据。表 1-4 所示为本次实训的任务单。

表 1-4　编辑与美化"材料采购记录"表格数据的任务单

实训背景	在输入数据的基础上对表格内容进行适当编辑和美化，让材料采购记录表格的内容清晰且美观
制作要求	（1）采购数据井然有序、一目了然； （2）表格美观、整洁且具有一定的专业性
制作思路	（1）合并单元格，完成对表格标题和表格项目的编辑处理； （2）设置表格数据的字体格式和对齐方式； （3）调整行高和列宽，使表格看上去更加美观； （4）设置数据类型，让数量和单价数据更加专业和实用； （5）为表格添加边框和底纹，进一步美化表格
素材位置	配套资源：\素材文件\第 1 章\综合实训\材料采购记录.xlsx
效果位置	配套资源：\效果文件\第 1 章\综合实训\材料采购记录 02.xlsx
参考效果	

材料采购记录

采购日期			采购单号	材料名称	数量/吨	单价/元	采购员
年	月	日					
2024	4	2	FYCL001	铸铁	10.0	2500.0	赵小伟
2024	4	2	FYCL002	木材	20.0	4000.0	钱大强
2024	4	2	FYCL003	铝型材	0.5	22000.0	钱大强
2024	4	5	FYCL004	铸铁	5.0	2600.0	赵小伟
2024	4	10	FYCL005	铸铁	10.0	2450.0	钱大强
2024	4	12	FYCL006	铸铁	10.0	2450.0	赵小伟
2024	4	12	FYCL007	木材	10.0	4200.0	赵小伟
2024	4	12	FYCL008	铝型材	1.0	21000.0	钱大强
2024	4	14	FYCL009	铸铁	6.0	2600.0	钱大强
2024	4	16	FYCL010	木材	5.0	4250.0	赵小伟
2024	4	19	FYCL011	铸铁	10.0	2500.0	钱大强
2024	4	20	FYCL012	木材	5.0	4250.0	赵小伟
2024	4	24	FYCL013	铸铁	5.0	2550.0	钱大强

本实训的操作提示如下。

STEP 01 打开"材料采购记录.xlsx"素材文件，合并 A1:H1 单元格区域。

STEP 02 继续依次合并 A2:C2、D2:D3、E2:E3、F2:F3、G2:G3 以及 H2:H3 单元格区域。

STEP 03 将所有包含数据的单元格区域的字体格式设置为"方正宋三简体"，然后加粗表格标题，并将字号设置为"16"，再加粗表格项目。

STEP 04 根据数据内容适当调整各列列宽，然后增加标题行和项目行的行高。

STEP 05 将数量和单价数据所在单元格区域的数据类型设置为"数值"，并将小数位数设置为"1"。

STEP 06 为整个表格数据添加"所有框线"边框，并单独为表格项目所在的单元格区域添加"浅灰色，背景 2"颜色的底纹。

视频教学：
编辑与美化
"材料采购记录"
表格数据

1.4 课后练习

练习 1 借助通义制作"4 月份员工工资明细"表格

【制作要求】注册并登录通义，询问员工工资明细表的项目，然后在 Excel 中输入"4 月份员工工资明细"表格的各项数据，包括标题、序号、姓名、性别、部门、基本工资、提成、奖金等。

【操作提示】序号数据可通过快速填充得到，性别数据和部门数据可利用"数据验证"功能输入，参考效果如图 1-48 所示。

【效果位置】配套资源：\效果文件\第 1 章\课后练习\员工工资明细.xlsx。

	A	B	C	D	E	F	G	H	I
1	4月份员工工资明细								
2	序号	姓名	性别	部门	基本工资/元	提成/元	奖金/元		
3	1	范伊	女	设计部	6600	2307	1686		
4	2	汤琳玲	女	销售部	6800	3217	1411		
5	3	戴颖依	女	设计部	5100	2275	1547		
6	4	余函	男	销售部	6100	2153	1691		
7	5	高岚锦	女	客服部	5700	3816	1884		
8	6	万欣欣	男	销售部	5700	2970	1970		
9	7	杨聪	男	设计部	5100	2147	1445		
10	8	谢悦元	男	销售部	6300	3368	1748		
11	9	赵月	女	客服部	6400	3617	1007		
12	10	吴素	男	销售部	5400	2863	1130		
13	11	方辰雁	女	设计部	6400	3332	1892		
14	12	田茜芳	女	销售部	5900	2283	1611		
15	13	袁成	男	客服部	5200	2257	1580		
16	14	汪琴	女	设计部	6600	2153	1025		
17									
18									
19									
20									

图 1-48

练习 2　编辑与美化"4 月份员工工资明细"表格

【制作要求】编辑并美化练习 1 中输入的"4 月份员工工资明细"表格数据，使数据更加整齐易读，表格更加美观。

【操作提示】通过合并单元格，设置字体格式和对齐方式，调整行高和列宽，设置数据类型，添加边框和底纹等操作编辑表格，参考效果如图 1-49 所示。

【素材位置】配套资源：\素材文件\第 1 章\课后练习\员工工资明细.xlsx。

【效果位置】配套资源：\效果文件\第 1 章\课后练习\员工工资明细 02.xlsx。

序号	姓名	性别	部门	基本工资/元	提成/元	奖金/元
\multicolumn{7}{c}{4月份员工工资明细}						
1	范伊	女	设计部	6,600.00	2,307.00	1,686.00
2	汤琳玲	女	销售部	6,800.00	3,217.00	1,411.00
3	戴颖依	女	设计部	5,100.00	2,275.00	1,547.00
4	余函	男	销售部	6,100.00	2,153.00	1,691.00
5	高岚锦	女	客服部	5,700.00	3,816.00	1,884.00
6	万欣欣	男	销售部	5,700.00	2,970.00	1,970.00
7	杨聪	男	设计部	5,100.00	2,147.00	1,445.00
8	谢悦元	男	销售部	6,300.00	3,368.00	1,748.00
9	赵月	女	客服部	6,400.00	3,617.00	1,007.00
10	吴素	男	销售部	5,400.00	2,863.00	1,130.00
11	方辰雁	女	设计部	6,400.00	3,332.00	1,892.00
12	田茜芳	女	销售部	5,900.00	2,283.00	1,611.00
13	袁文	男	客服部	5,200.00	2,257.00	1,580.00
14	汪琴	女	设计部	6,600.00	2,153.00	1,025.00

图 1-49

第 **2** 章　数据的获取与清洗

获取与清洗数据是处理与分析数据的前提，要想得到更具价值的结果，不仅需要使用正确的分析方法，还应当尽可能地提高数据源的质量。这就需要在数据获取环节做好充分准备，通过合理的渠道得到规范的数据来源。一般来说，通过互联网获取到的数据往往不能直接处理和分析，因此在获取数据后，需要对数据进行必要的清洗。这一环节的目的是为数据分析提供完整、准确的数据信息。

▌📖 **学习要点**
◎ 熟悉利用 Excel 获取不同渠道的数据。
◎ 掌握修补缺失数据和修复错误数据的操作。
◎ 掌握清洗重复数据的操作。
◎ 掌握统一数据类型的操作。
◎ 熟悉使用智谱清言清洗数据的方法。

▌◇ **素养目标**
◎ 在获取与清洗数据的过程中养成耐心、细致的工作态度。
◎ 保证数据获取行为的合法合规，不因个人利益而窃取、虚构数据。

▌◈ **扫码阅读**

案例欣赏

课前预习

获取数据

Excel 2019 的数据获取功能可以获取各种不同数据，如文件数据、数据库数据、网站数据等，这为清洗、处理与分析数据提供了便捷。

2.1.1　课堂案例 1——获取企业财务报表数据

【制作要求】利用 Excel 2019 的数据获取功能获取华为集团年报中的 5 年财务概要数据，然后保存表格。

【操作要点】访问华为官方网站，复制该网站地址，然后使用 Excel 2019 获取网站数据的功能获取数据，参考效果如图 2-1 所示。

【效果位置】配套资源：\效果文件\第 2 章\企业财务报表.xlsx。

	A	B	C	D	E	F	G
1	Column1	Column2	Column3	Column4	Column5	Column6	Column7
2		2022年	2022年	2021年	2020年	2019年	2018年
3		（美元百万元）	（人民币百万元）	（人民币百万元）	（人民币百万元）	（人民币百万元）	（人民币百万元）
4	销售收入	92,379	642,338	636,807	891,368	858,833	721,202
5	营业利润	6,071	42,216	121,412	72,501	77,835	73,287
6	营业利润率	6.6%	6.6%	19.1%	8.1%	9.1%	10.2%
7	净利润	5,114	35,562	113,718	64,649	62,656	59,345
8	经营活动现金流	2,560	17,797	59,670	35,218	91,384	74,659
9	现金与短期投资	53,709	373,452	416,334	357,366	371,040	265,857
10	运营资本	49,608	344,938	376,923	299,062	257,638	170,864
11	总资产	152,993	1,063,804	982,971	876,854	858,661	665,792
12	总借款	28,353	197,144	175,100	141,811	112,162	69,941
13	所有者权益	62,859	437,076	414,652	330,408	295,537	233,065
14	资产负债率	58.9%	58.9%	57.8%	62.3%	65.6%	65.0%

图 2-1

其具体操作如下。

STEP 01 启动计算机上的浏览器，利用百度搜索引擎搜索"华为官网"，按【Enter】键后单击搜索结果中的"华为-构建万物互联的智能世界"超链接，如图 2-2 所示。

图 2-2

视频教学：
获取企业财务
报表数据

STEP 02 访问华为官方网站，在页面右上方单击"关于华为"超链接，如图 2-3 所示。

STEP 03 展开"关于华为"的导航内容，单击"公司年报"超链接，如图 2-4 所示。

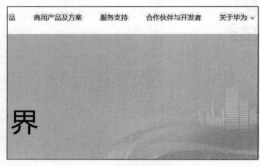

图 2-3

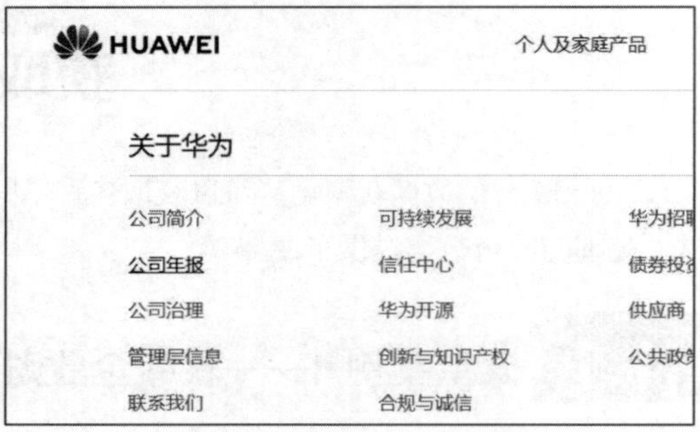

图 2-4

STEP 04 在显示的页面中继续单击 ⬜快速概览 按钮，如图 2-5 所示。

STEP 05 当前页面中将显示华为集团 2023 年的年报内容，选择浏览器地址栏中的网页地址，按【Ctrl+C】组合键复制，如图 2-6 所示。

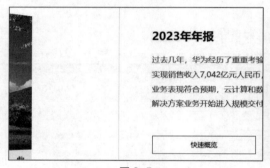

图 2-5

图 2-6

STEP 06 启动 Excel 2019，在【数据】/【获取和转换数据】组中单击"自网站"按钮📄，如图 2-7 所示。

STEP 07 打开"从 Web"对话框，在"URL"文本框中单击鼠标左键定位插入点，按【Ctrl+V】组合键粘贴复制的网页地址，然后单击 ⬜确定 按钮，如图 2-8 所示。

图 2-7

图 2-8

STEP 08 打开"导航器"对话框，在左侧列表的"HTML 表格[3]"栏中选择"表 1"，单击 ⬜加载 按钮，如图 2-9 所示。

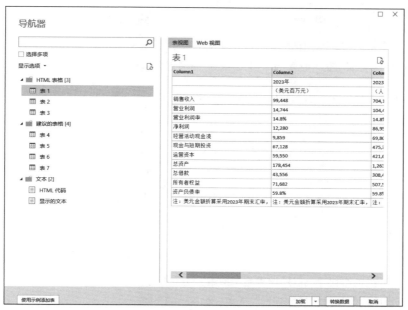

图 2-9

STEP 09 加载获取到的表格数据后，适当调整各列列宽，如图 2-10 所示。

STEP 10 按【Ctrl+S】组合键打开"另存为"对话框，将其以"企业财务报表"为名保存在目标位置，最后单击 保存(S) 按钮，保存文件，如图 2-11 所示。

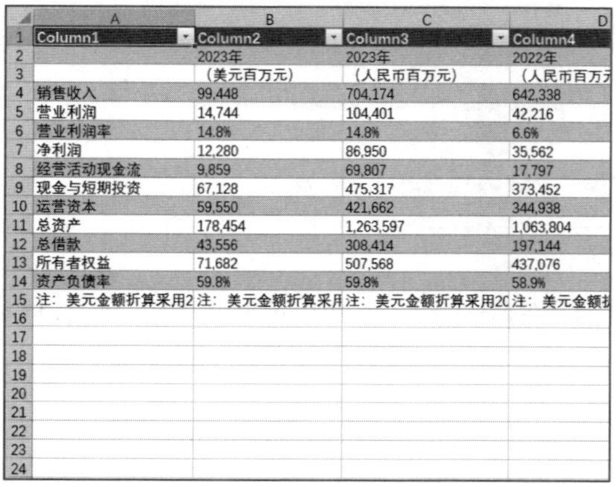

图 2-10

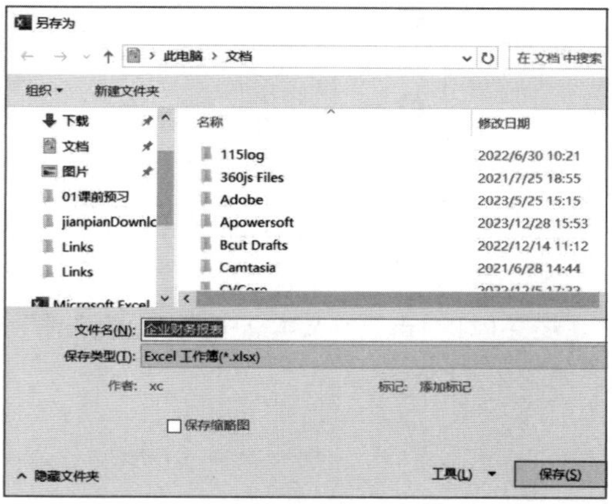

图 2-11

2.1.2 课堂案例 2——使用智谱清言清洗数据

【制作要求】借助智谱清言清洗表格中的重复数据记录和包含缺失值的数据记录。

【操作要点】访问智谱清言官方网站，注册并登录账号，让智谱清言检查表格是否存在重复数据，并删除存在的重复数据，然后删除有缺失值的数据，并通过智谱清言提供的下载链接下载清洗后的表格，参考效果如图 2-12 所示。

【素材位置】配套资源：\素材文件\第 2 章\产品销售数据.xlsx。

【效果位置】配套资源：\效果文件\第 2 章\产品销售数据.xlsx。

	A	B	C	D	E	F	G	H	I	J	K	L	M	N
1	测试产品编号	客单价/元	毛利/元	访客数/位	点击量/次	交易量/件	收藏量/件	加购量/件	点击率	转化率	收藏率	加购率	UV价值/元	UV利润/元
2	19112601	75	30	1173	128	27	38	25	0.10912191	0.023017903	0.032395567	0.021312873	1.726342711	0.690537084
3	19102218	88	40	986	112	33	46	34	0.113590264	0.03346856	0.046653144	0.034482759	2.945233266	1.338742394
4	19101519	99	45	1547	112	33	30	28	0.07239819	0.036908881	0.019392372	0.018099548	2.111829347	0.959922431
5	19110527	69	30	867	133	32	48	24	0.153402537	0.036908881	0.055363322	0.027681661	2.546712803	1.107266436
6	19010707	112	55	952	169	24	47	28	0.177521008	0.025210084	0.049369748	0.029411765	2.823529412	1.386554622
7	19111103	162	60	986	165	33	54	19	0.167342799	0.03346856	0.054766734	0.019269777	5.421906694	2.00811359
8	19121226	138	45	867	149	32	58	26	0.171856978	0.036908881	0.066897347	0.023068051	5.093425606	1.660899654
9	19121233	462	120	1530	125	32	54	28	0.081699346	0.020915033	0.035294118	0.018300654	9.662745098	2.509803922
10	19092620	338	98	1190	146	26	48	24	0.122689076	0.021848739	0.040336134	0.020168067	7.38487395	2.141176471
11	19010601	12	6	1445	160	26	39	30	0.110726644	0.01799308	0.026989619	0.020761246	0.215916955	0.107958478
12	19123102	45	15	918	86	27	44	31	0.093681917	0.029411765	0.047930283	0.033769063	1.323529412	0.441176471
13	19121205	205	80	1224	134	22	41	21	0.109477124	0.017973856	0.033496732	0.017156863	3.684640523	1.437908497
14	19121238	288	100	1615	158	23	49	26	0.097832817	0.014241486	0.030340557	0.018573851	4.101547988	1.424148607
15	19100125	36	18	952	102	29	45	25	0.107142857	0.030462185	0.047268908	0.026260504	1.096638655	0.548319328

图 2-12

其具体操作如下。

STEP 01 打开浏览器软件，借助搜索引擎搜索并访问智谱清言官方网站，注册并登录账号。在首页页面左侧单击"数据分析"选项，如图 2-13 所示。

视频教学：
使用智谱清言
清洗数据

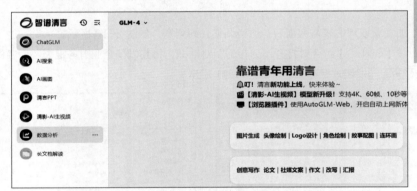

图 2-13

STEP 02 单击下方文本框中的"上传文件"按钮 🗋＋，在弹出的下拉列表中单击"本地文件选择"选项，如图 2-14 所示。

图 2-14

STEP 03 打开“打开”对话框，选择“产品销售数据.xlsx”素材文件，单击 打开(O) 按钮，如图 2-15 所示。

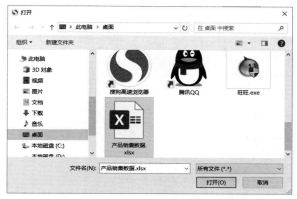

打开
此电脑 > 桌面
在 桌面 中搜索
组织
新建文件夹
此电脑
3D 对象
视频
图片
文档
下载
音乐
桌面
本地磁盘 (C:)
搜狗高速浏览器
腾讯QQ
旺旺.exe
产品销售数据.xlsx
文件名(N):
产品销售数据.xlsx
所有文件 (*.*)
打开(O)
取消
图 2-15

STEP 04 继续在文本框中输入需求提示词，这里要求智谱清言检查表格中是否存在重复数据记录，单击“提交”按钮或按【Enter】键，如图 2-16 所示。

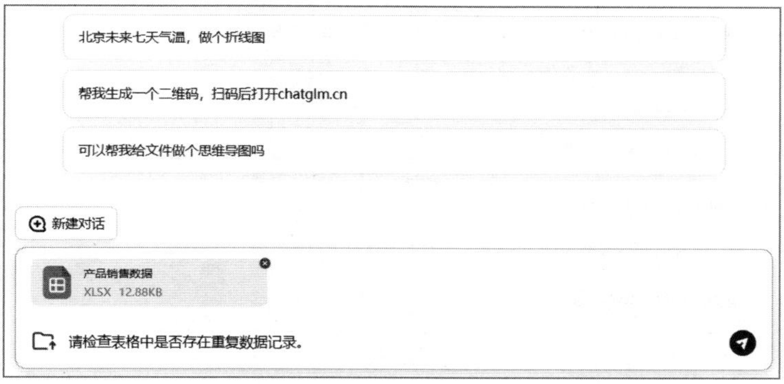
北京未来七天气温，做个折线图
帮我生成一个二维码，扫码后打开chatglm.cn
可以帮我给文件做个思维导图吗
新建对话
产品销售数据
XLSX 12.88KB
请检查表格中是否存在重复数据记录。
图 2-16

STEP 05 智谱清言将加载文件内容进行检查，完成后将返回检查结果，提示表格中存在 2 条重复数据记录。在文本框中输入需求，请求智谱清言删除重复数据记录，单击“提交”按钮或按【Enter】键，如图 2-17 所示。

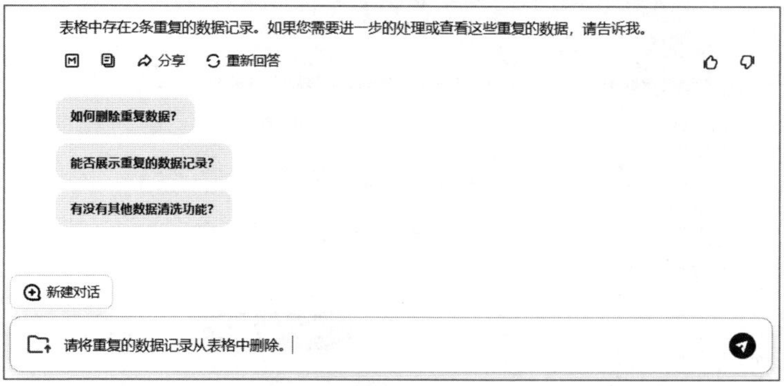
表格中存在2条重复的数据记录。如果您需要进一步的处理或查看这些重复的数据，请告诉我。
分享
重新回答
如何删除重复数据？
能否展示重复的数据记录？
有没有其他数据清洗功能？
新建对话
请将重复的数据记录从表格中删除。
图 2-17

STEP 06 智谱清言按要求删除重复数据记录后，将提供清洗后的表格下载链接，这里暂不下载，继续在文本框中请求智谱清言检查是否存在缺失值，并删除缺失值所在的数据记录，单击"提交"按钮❶或按【Enter】键，如图 2-18 所示。

图 2-18

STEP 07 智谱清言按要求检查删除缺失值所在的数据记录后，同样会继续提供清洗后的表格下载链接，此时可单击该超链接，如图 2-19 所示。

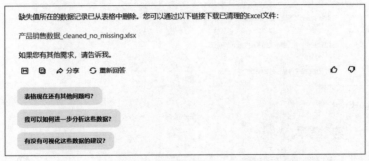

图 2-19

STEP 08 在打开的页面中将显示清洗后的表格内容，确认无误后单击 ⬇下载 按钮，在打开的对话框中设置表格的名称和保存位置，完成后单击 下载 按钮即可，如图 2-20 所示。

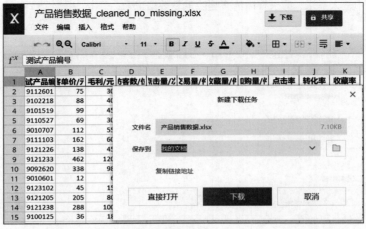

图 2-20

2.1.3　获取文件数据

文件数据指的是存放在以 txt、csv 或 prn 等为格式的文本文件中的数据。这类文件中只包含纯文本内容，即只有字符、字母和数字等文本信息。当需要的数据存放在这类文件中时，可以利用 Excel 2019 获取其中的数据。其方法：启动 Excel 2019，在【数据】/【获取和转换数据】组中单击"从文本/CSV"按钮，打开"导入数据"对话框，在其中选择相应的文本文件，单击 导入(M) 按钮，打开相应的文件窗口，这里为"医生信息.txt"窗口。然后根据需要设置文件原始格式、分隔符和数据类型检测等参数，一般保持默认设置，然后单击 加载 按钮，如图 2-21 所示。

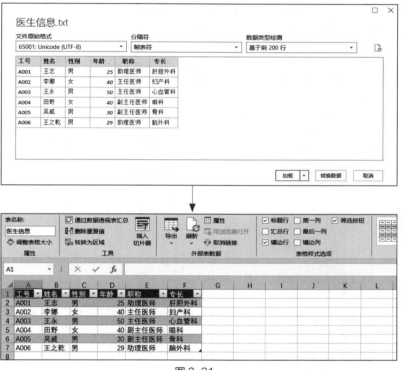

图 2-21

🔔 **提示**

使用 Excel 2019 的数据获取功能获取数据，实际上是通过查询的方式与这些数据建立联系。单击【数据】/【查询和连接】组中的"查询和连接"，在"查询&连接"任务窗格中将同步显示查询选项。在该选项上单击鼠标右键，在弹出的快捷菜单中选择"编辑"命令，可以在 Power Query 编辑器中编辑数据源；选择"删除"命令可删除查询，此后数据源发生变化将不会影响表格中已经获取到的数据。另外，Excel 2019 获取到的数据将自动套用表格格式，为了便于后面清洗数据，可以在【表格工具 表设计】/【工具】组中单击"转换为区域"按钮，在打开的对话框中单击 是(Y) 按钮，取消套用的表格格式。

2.1.4 获取数据库数据

除获取文本文件数据外，还可以利用 Excel 2019 获取数据库如 SQL Server 数据库、Microsoft Access 数据库、Oracle 数据库、MySQL 数据库等中的数据。其方法：启动 Excel 2019，在【数据】/【获取和转换数据】组中单击"获取数据"按钮，在弹出的下拉列表中选择"来自数据库"，在弹出的子列表中单击相应的数据库选项，如单击"从 Microsoft Access 数据库"选项，打开"导入数据"对话框，在其中选择相应的数据库文件，单击 导入(M) 按钮，打开"导航器"对话框，在左侧列表中单击合适的选项，然后单击 加载 按钮，导入数据，如图 2-22 所示。

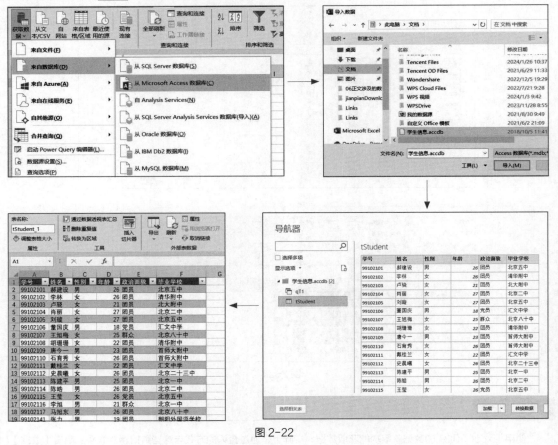

图 2-22

2.1.5 获取网站数据

网站中包含大量的数据，因此网站是获取数据的重要渠道，可以利用 Excel 2019 获取网站数据。其方法：访问并复制数据所在网页的网络地址，然后启动 Excel 2019，在【数据】/【获取和转换数据】组中单击"自网站"按钮，打开"从 Web"对话框，在"URL"文本框中单击鼠标左键定位插入点，按【Ctrl+V】组合键粘贴复制的网络地址，单击 确定 按钮，打开"导航器"对话框，在左侧列表中选择合适的选项，单击 加载 按钮，获取数据。

清洗数据

数据清洗是指对获取的数据进行纠正、完善等，以确保数据的完整性、一致性和准确性。常见的清洗操作包括修补缺失数据、修复错误数据、清洗重复数据、统一数据类型等。

2.2.1 课堂案例——清洗店铺月度客户数据

【制作要求】清洗获取到的店铺月度客户数据，确保数据的完整、正确和统一，且不能包含重复的数据记录。

【操作要点】通过计算修补缺失的交易笔数数据，通过查找和替换操作修复错误的年龄数据，通过"删除重复值"功能清除重复数据记录，然后统一交易总额和平均交易金额的数据类型，参考效果如图 2-23 所示。

【素材位置】配套资源：\素材文件\第 2 章\店铺月度客户数据.xlsx。

【效果位置】配套资源：\效果文件\第 2 章\店铺月度客户数据.xlsx。

	A	B	C	D	E	F	G	H
1	客户账号	会员级别	性别	年龄	地区/城市	交易总额/元	交易笔数/笔	平均交易金额/元
2	15810113265周	一级会员	女	22	合肥	8010.90	4	2002.73
3	alley8822	普通会员	女	30	武汉	2670.30	7	381.47
4	bonjour毛毛小代	普通会员	女	38	广州	8238.60	9	915.40
5	chengang526625	普通会员	女	25	北京	5340.60	7	762.94
6	congyier55	普通会员	男	28	上海	6189.30	3	2063.10
7	cynthiasoji	普通会员	女	27	苏州	8238.60	5	1647.72
8	diaolanting	二级会员	女	27	青岛	8010.90	7	1144.41
9	dq721129	普通会员	女	41	合肥	6189.30	5	1237.86
10	emma8908	普通会员	女	25	成都	2670.30	7	381.47
11	flywings_2009	普通会员	女	30	贵州	8010.90	3	2670.30
12	suosuo1212	普通会员	女	25	广州	8238.60	5	1647.72
13	hering1239	普通会员	女	23	深圳	8238.60	7	1176.94
14	hualuo1769	普通会员	女	41	杭州	8077.14	3	2692.38
15	hujia5808327	普通会员	女	28	杭州	4119.30	7	588.47
16	hyhlrhok11	二级会员	男	30	北京	2049.30	4	512.33
17	karen70633	一级会员	女	45	上海	8238.60	9	915.40
18	linnafifi	普通会员	女	25	深圳	8010.90	7	1144.41
19	lllllilu	普通会员	女	41	苏州	2670.30	3	890.10
20	llpzfpgz	普通会员	女	27	广州	8157.87	6	1359.65
21	miss小兔乖乖	二级会员	女	28	上海	2670.30	7	381.47
22	near粉	一级会员	女	25	上海	2670.30	7	381.47
23	shulanli123456	一级会员	女	23	北京	8010.90	5	1602.18
24	taoyuan6061	一级会员	女	25	广州	4119.30	5	823.86
25	windy是个小吃货	普通会员	女	30	深圳	8238.60	7	1176.94
26	wujiayue6707	二级会员	女	25	杭州	2670.30	7	381.47

图 2-23

其具体操作如下。

STEP 01 打开"店铺月度客户数据.xlsx"素材文件，发现表格中部分交易笔数存在缺失，但可以通

过"交易总额/平均交易金额"计算出来。先同时选择多个空白的单元格，在【开始】/
【编辑】组中单击"查找和选择"按钮🔍，在弹出的下拉列表中选择"定位条件"选项，
如图 2-24 所示。

视频教学：
清洗店铺月度
客户数据

STEP 02 打开"定位条件"对话框，单击选中"空值"单选项，单击 确定 按钮，
如图 2-25 所示。

STEP 03 此时 Excel 2019 将同时选中表格中的空白单元格，在编辑框中单击鼠标
左键定位插入点，输入"="，单击 F4 单元格引用其地址，继续输入"/"，接着单击 H4 单元格引用其地
址。输入的内容表示 G4 单元格中的交易笔数由 F4 单元格的交易总额除以 H4 单元格的平均交易金额得
到，如图 2-26 所示。

STEP 04 按【Ctrl+Enter】组合键同时计算其他空白单元格的数据，完成表格缺失值的修补工作，
如图 2-27 所示。

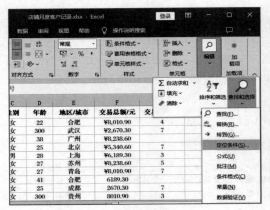

图 2-24

图 2-25

图 2-26

图 2-27

STEP 05 查看年龄数据，发现其中存在多处"300"这种错误数据。经过分析，这些错误数据很可
能是由于在录入时多输入 1 个"0"，将原本的"30"误写为"300"，此时可以通过查找和替换的方式进
行快速修复。选择 D2:D62 单元格区域（表示在该区域进行查找与替换操作），按【Ctrl+H】组合键打开
"查找和替换"对话框，在"替换"选项卡的"查找内容"文本框中输入"300"，在"替换为"文本框中
输入"30"，单击 全部替换(A) 按钮，如图 2-28 所示。

STEP 06 Excel 2019 将自动弹出提示对话框，单击 确定 按钮完成错误数据的修复查找，如图 2-29
所示。

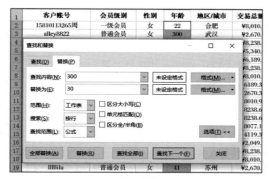

图 2-28

图 2-29

STEP 07 检查表格中是否存在重复数据，由于客户账号是唯一的，因此可以通过搜索该数据来判断是否存在重复数据。在【数据】/【数据工具】组中单击"删除重复值"按钮，打开"删除重复值"对话框，单击 取消全选(U) 按钮取消全选状态，然后勾选"客户账号"复选框，单击 确定 按钮，如图 2-30 所示。

STEP 08 Excel 2019 将快速检查是否包含重复数据，并打开相应的提示对话框，这里显示存在 1 条重复值，单击 确定 按钮进行清除，如图 2-31 所示。

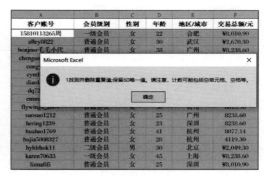

图 2-30

图 2-31

STEP 09 最后统一交易总额和平均交易金额的数据类型。选择 F2:F61 单元格区域，在【开始】/【数字】组的"数字格式"下拉列表中选择"数字"，如图 2-32 所示。

STEP 10 选择 H2:H61 单元格区域，在【开始】/【数字】组的"数字格式"下拉列表中选择"数字"，完成对数据类型的设置，如图 2-33 所示。

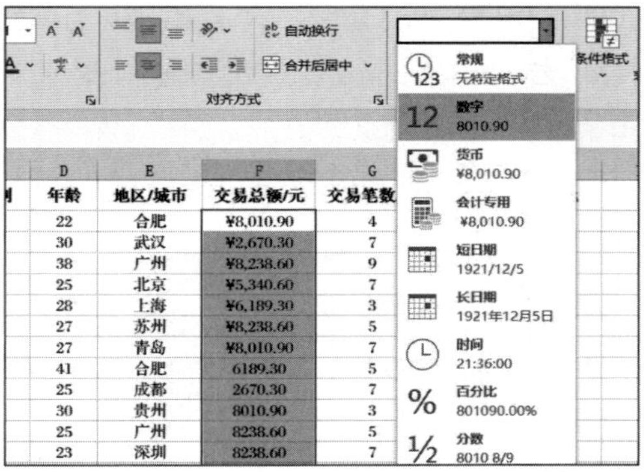

图 2-32

图 2-33

2.2.2 修补缺失数据

当获取的数据中存在缺失值时，应当根据实际情况选择不同的处理方法来修补缺失内容。

1. 删除缺失值所在的数据记录

如果获取的数据量足够大，大到即使删除若干缺失数据也不会影响数据样本量，则可以通过删除缺失数据所在的整条数据记录来处理缺失值。其方法：在【开始】/【编辑】组中单击"查找和选择"按钮 🔍，在弹出的下拉列表中选择"定位条件"，打开"定位条件"对话框，单击选中"空值"单选项，单击 确定 按钮，此时 Excel 2019 将同时选中表格中的空白单元格，继续在【开始】/【单元格】组中单击"删除"按钮 🗑 下方的下拉按钮 ⌄，在弹出的下拉列表中选择"删除工作表行"，如图 2-34 所示。

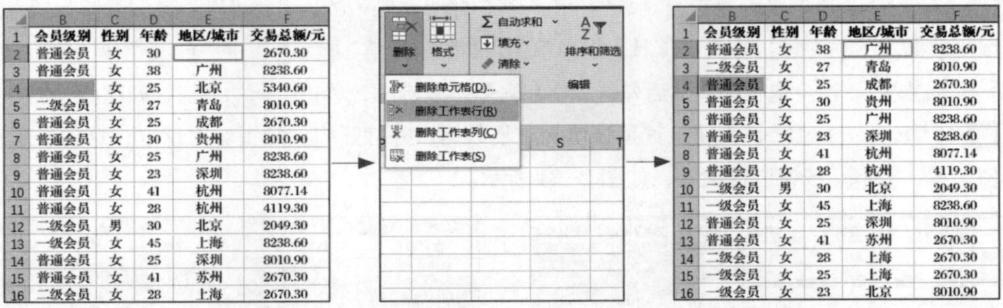

图 2-34

2. 修补缺失值

如果能够精确判断出表格中的缺失值，则可以手动修补缺失值，如本小节课堂案例中，可利用公式精确计算缺失值；如果无法精准判断缺失值，则可以通过逻辑推断或使用平均数、众数、回归分析、线性预测等统计方法来修补缺失数据。具体采用哪种方法修补需要结合实际情况。例如，在获取某大学全部学生 100 米跑成绩的过程中，若某名大二男学生的成绩丢失，考虑到不同性别和年龄的身体机能不同，应当采用全体大二男学生的平均成绩来替代该学生的成绩，从而完成数据的修补。

> 🔔 **提示**
>
> 某些数据记录虽然存在缺失值，但并不影响后续数据分析工作，则可以采取不处理的方式保留缺失值。例如，分析客户画像时，每条数据记录包含客户姓名、性别、年龄、所在地、职业、交易金额等数据。若获取数据时，某位客户的性别数据丢失，则可以保留该缺失值。后续在分析客户性别占比时，虽然会缺少 1 个数据，但因为样本量较大，所以这 1 个数据缺失对整体性别占比结果的影响微乎其微。若分析年龄、所在地、职业等情况，这 1 个数据缺失值完全不会产生影响。

2.2.3 修复错误数据

错误数据会严重影响数据分析结果。当获取的数据存在错误时，需要针对不同的错误采取不同的方式进行修复。

1. 修复逻辑错误

数据的逻辑错误主要是指违反逻辑规律而产生的错误。这类错误比缺失值更难发现。例如，客户年龄为 300 岁、消费金额为 -50 元等不合理的数据；或者客户出生年份为 2000 年，但年龄却显示为 10 岁等自相矛盾的数据；或者要求限购 1 件商品，但购买数量却显示为 5 件等不符合规则的数据等。

对于这类数据错误，分析人员需要具备严谨的工作态度和认真负责的工作作风，这样才能更好地发现错误并修复错误。为尽量减少分析人员的工作量，可以使用 Excel 2019 的条件格式功能，规定某些数据的取值和范围，一旦数据不在条件允许的范围，就能按照指定的格式显示出来，方便分析人员及时修改。例如，某店铺各商品当月的进货数量均没有超过 1000，因此利用条件格式将超过了 1000 的数据自动填充浅红色底纹，就能快速看到错误数据，进行修复。其方法：选择需要设置条件格式的单元格区域，在【开始】/【样式】组中单击"条件格式"下拉按钮 ，在弹出的下拉列表中选择【突出显示单元格规则】/【大于】，打开"大于"对话框，在左侧的文本框中输入"1000"，在右侧的下拉列表中选择"浅红色填充"，单击 确定 按钮，如图 2-35 所示。

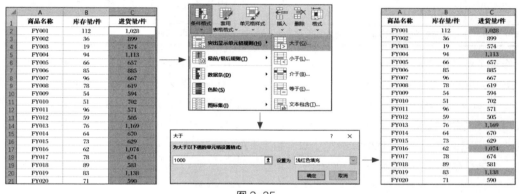

图 2-35

2. 借助 IFERROR 函数修复错误

对于一些明显错误的数据，Excel 2019 会显示错误信息，以提醒分析人员及时修复错误值。需要注意的是，对不同的错误，Excel 2019 会提示不同的信息，以帮助分析人员了解错误产生的原因。表 2-1 所示为 Excel 2019 常见的几种错误信息提示，以及错误的产生原因和解决方法。

表 2-1　Excel 2019 常见错误信息汇总

符号	产生原因	解决方法
#N/A	单元格的函数或公式中没有可用的数值	可以忽略或在单元格中输入"#N/A"，公式在引用这些单元格时将不进行数值计算，而是返回"#N/A"
#####!	（1）单元格中的数字、日期或时间数据长度大于单元格宽度； （2）单元格中的日期或时间公式产生了负值	（1）拖曳列标增加单元格宽度； （2）更正公式或将单元格格式设置为非日期和时间型数据
#VALUE!	（1）需要数字或逻辑值时输入了文本； （2）将单元格引用、公式或函数作为数组常量输入； （3）赋予需要单一数值的运算符或函数一个数值区域	（1）确认公式或函数所需的运算符或参数正确，并且公式引用的单元格中包含有效的数值； （2）确认数组常量不是单元格引用、公式或函数； （3）将数值区域改为单一数值

续表

符号	产生原因	解决方法
#DIV/O!	（1）公式中的除数使用了指向空白单元格或包含零值单元格的引用； （2）输入的公式中包含明显的除数零	（1）修改单元格引用，或在用作除数的单元格中输入不为零的值； （2）将零改为非零值
#NAME?	（1）删除了公式中使用的名称，或使用了不存在的名称； （2）名称出现拼写错误； （3）公式中输入文本时未使用双引号； （4）单元格区域引用时缺少冒号	（1）确认使用的名称确实存在； （2）修改拼写错误的名称； （3）将公式中的文本括在英文状态下的双引号中； （4）确认公式中使用的所有单元格区域引用中都使用了英文状态下的冒号
#REF!	删除了由其他公式引用的单元格或将单元格粘贴到由其他公式引用的单元格中	更改公式或在删除或粘贴单元格之后，单击快速访问工具栏中的“撤销”按钮
#NULL !	使用了不正确的区域运算符或引用的单元格区域的交集为空	更改区域运算符使之正确，或更改引用使之相交
#NUM!	公式或函数中的某个数值出现问题	更正错误的数值

修复 Excel 2019 中出现的错误信息时，一般可以利用 IFERROR 函数实现。该函数的语法格式为“=IFERROR(value, value_if_error)”，其中，参数“value”表示当不存在错误时的取值；参数“value_if_error”为存在错误时的取值。例如，库存周转率的数据中出现了“#DIV/O!”错误，寻找原因后发现是公式中的除数使用了指向空白单元格或包含零值单元格的引用。为解决这个错误，将原公式修改为“=IFERROR(B2/((C2+D2)/2),"/")”，表示如果不存在错误，则显示公式“B2/((C2+D2)/2)”的计算结果；如果存在错误，则显示“/”，如图 2-36 所示。

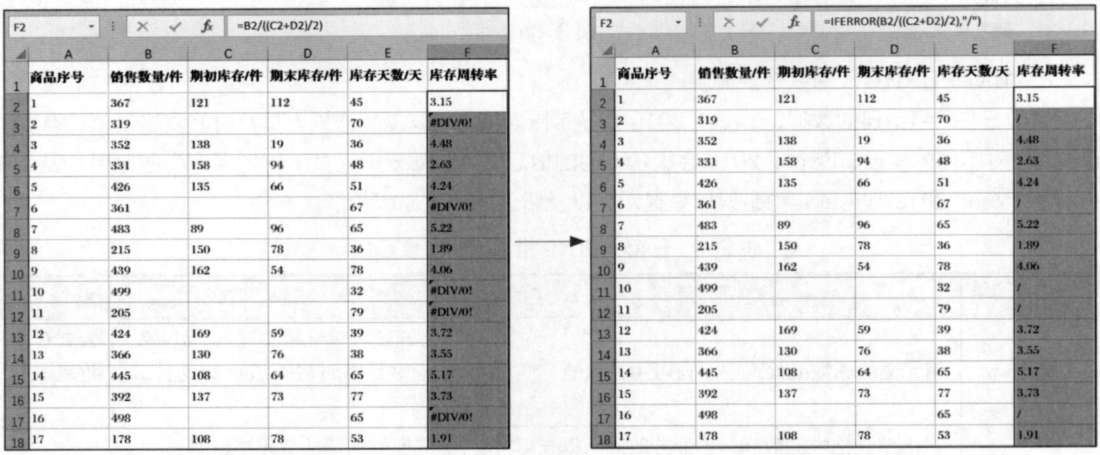

F2 =B2/((C2+D2)/2)

商品序号	销售数量/件	期初库存/件	期末库存/件	库存天数/天	库存周转率
1	367	121	112	45	3.15
2	319			70	#DIV/0!
3	352	138	19	36	4.48
4	331	158	94	48	2.63
5	426	135	66	51	4.24
6	361			67	#DIV/0!
7	483	89	96	65	5.22
8	215	150	78	36	1.89
9	439	162	54	78	4.06
10	499			32	#DIV/0!
11	205			79	#DIV/0!
12	424	169	59	39	3.72
13	366	130	76	38	3.55
14	445	108	64	65	5.17
15	392	137	73	77	3.73
16	498			65	#DIV/0!
17	178	108	78	53	1.91

F2 =IFERROR(B2/((C2+D2)/2),"/")

商品序号	销售数量/件	期初库存/件	期末库存/件	库存天数/天	库存周转率
1	367	121	112	45	3.15
2	319			70	/
3	352	138	19	36	4.48
4	331	158	94	48	2.63
5	426	135	66	51	4.24
6	361			67	/
7	483	89	96	65	5.22
8	215	150	78	36	1.89
9	439	162	54	78	4.06
10	499			32	/
11	205			79	/
12	424	169	59	39	3.72
13	366	130	76	38	3.55
14	445	108	64	65	5.17
15	392	137	73	77	3.73
16	498			65	/
17	178	108	78	53	1.91

图 2-36

2.2.4 清洗重复数据

当获取的数据量较大时，为了确保其中不存在重复的数据记录，可以利用 Excel 2019 的“删除重复值”功能快速清洗数据中可能存在的重复数据。其方法：打开需要清洗重复数据的表格，在【数据】/【数据工具】组中单击"删除重复值"按钮▉▋，打开"删除重复值"对话框，勾选需要检查是否存在重复值的表格项目复选框，单击 确定 按钮，Excel 2019 将打开相应的提示对话框，显示是否存在重复值或重复值的数量，单击 确定 按钮进行清除，如图 2-37 所示。

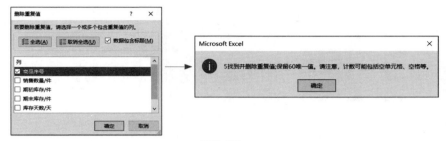

图 2-37

2.2.5　统一数据内容

获取到的数据如果表达方式不一致，就会直接影响数据分析和结果呈现。例如，日期数据中，有的显示为"2024 年 5 月 23 日"，有的则显示为"2024-5-26"。这种不统一的显示方式会对数据分析造成困扰，这时就需要进行设置。在 Excel 2019 中，可以借助数据类型设置功能、查找与替换功能统一数据类型。

1．设置数据类型

选择需统一类型的数据所在的单元格区域，单击【开始】/【数字】组右下角的"对话框启动器"按钮▉，打开"设置单元格格式"对话框，在"数字"选项卡的"分类"列表中选择所需的数据类型，在对话框右侧进一步设置所选类型的数据格式，完成后单击 确定 按钮，如图 2-38 所示。

图 2-38

2．设置数据内容

若需要统一处理数据的内容，如某表格中"是否结算"栏下有"已付"和"已结算"两种数据，现需要将"已付"统一为"已结算"。其方法：在【开始】/【编辑】组中单击"查找和选择"按钮🔍，在弹出的列表中选择"替换"命令，或直接按【Ctrl+H】组合键，打开"查找和替换"对话框，在"替换"

选项卡的"查找内容"文本框中输入"已付"，在"替换为"文本框中输入"已结算"，依次单击 全部替换(A) 按钮和 确定 按钮，如图 2-39 所示。

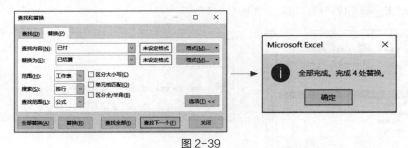

图 2-39

2.3 综合实训

2.3.1 获取商品关键词数据

商品关键词指的是客户在电商平台中用于搜索商品的关键词。网店的商品标题中如果包含商品关键词，那么商品被搜索到的概率会更大，展现在客户面前的可能性就更高，进而可能会增大商品的流量数据和转化率。表 2-2 所示为本次实训的任务单。

表 2-2 获取商品关键词数据的任务单

实训背景	某网店需要优化商品名称，为了提高商品被客户搜索到的概率，网店需要获取近一段时间内的热门商品关键词数据
操作要求	利用 Excel 2019 的数据获取功能获取商品关键词数据
操作思路	启动 Excel 2019，利用获取文件数据的方法获取商品关键词数据
素材位置	配套资源：\素材文件\第 2 章\综合实训\商品关键词汇总.txt
效果位置	配套资源：\效果文件\第 2 章\综合实训\商品关键词汇总.xlsx
参考效果	

本实训的操作提示如下。

STEP 01 启动 Excel 2019，在【数据】/【获取和转换数据】组中单击"从文本/CSV"按钮 ，打开"导入数据"对话框，选择"商品关键词汇总.txt"文本文件，单击 导入(M) 按钮。

STEP 02 打开"商品关键词汇总.txt"对话框，默认设置，直接单击 加载 按钮。

STEP 03 将表格以"商品关键词汇总.xlsx"为名保存到计算机中。

视频教学：
获取商品关键词
数据

2.3.2　清洗商品关键词数据

获取数据后，分析人员应当检查数据内容，清洗其中错误的内容，以提高数据质量，为后续数据分析提供更好的数据源。表 2-3 所示为本次实训的任务单。

表 2-3　清洗商品关键词数据的任务单

实训背景	某网店利用 Excel 2019 获取到近一段时间内的热门商品关键词数据后，为了更好地完成数据分析任务，需要清洗获取到的数据信息，保证数据的质量
操作要求	（1）调整数据类型和格式，使表格数据统一且美观易读； （2）清除重复的数据记录； （3）修复错误数据
操作思路	（1）将表格转换为区域，然后调整数据类型、字体格式、对齐方式等，提高数据的统一性； （2）利用删除重复值功能清除重复的数据记录； （3）检查错误数据并加以修改
素材位置	配套资源：\素材文件\第 2 章\综合实训\商品关键词汇总.xlsx
效果位置	配套资源：\效果文件\第 2 章\综合实训\商品关键词汇总 02.xlsx
参考效果	

本实训的操作提示如下。

STEP 01 打开"商品关键词汇总.xlsx"素材文件，在【表格工具 表设计】/【工具】组中单击"转换为区域"按钮 ，在打开的提示对话框中单击 确定 按钮，取消套用的表格格式。

STEP 02 将单元格对齐方式设置为"左对齐"，将数据的字体格式设置为"方正宋三简体"，然后将点击率和支付转化率的数据类型设置为"百分比"，小数位数为"2"。

视频教学：
清洗商品关键词
数据

STEP 03 检查"搜索词"项目是否重复，并删除重复的数据记录。

STEP 04 检查"在线商品数"是否有负数，删除负号。

2.4 课后练习

练习 1 获取企业营业收入数据

【操作要求】利用 Excel 2019 获取国家统计局官方网站中，关于 2023 年全国规模以上文化产业及相关产业企业的营业收入数据。

【操作提示】访问国家统计局官方网站，找到相应数据所在的页面，然后在 Excel 2019 中获取该页面的数据，参考效果如图 2-40 所示。

【效果位置】配套资源：\效果文件\第 2 章\课后练习\企业营业收入.xlsx。

Column1	Column2	Column3	Column4
	绝对值/亿元	比上年增长/%	所占比重/%
一、营业收入	129515	8.2	100.0
其中：文化新业态[2]	52395	15.3	40.5
按产业类型分			
文化制造业	40962	0.6	31.6
文化批发和零售业	20814	6.1	16.1
文化服务业	67739	14.1	52.3
按领域分			
文化核心领域	83978	12.2	64.8
文化相关领域	45537	1.5	35.2
按行业类别分			
新闻信息服务	17243	15.5	13.3
内容创作生产	28262	10.7	21.8
创意设计服务	21249	8.7	16.4
文化传播渠道	14797	11.9	11.4
文化投资运营	669	24.4	0.5
文化娱乐休闲服务	1758	63.2	1.4
文化辅助生产和中介服务	15468	0.4	11.9
文化装备生产	6282	-2.6	4.9
文化消费终端生产	23787	3.3	18.4
按区域分			
东部地区	101223	8.7	78.2
中部地区	15394	3.6	11.9
西部地区	11688	10.0	9.0
东北地区	1210	5.4	0.9
二、利润总额	11566	30.9	—

图 2-40

练习 2 清洗企业营业收入数据

【操作要求】清洗获取的企业营业收入数据，通过设置字体格式、对齐方式、数据类型等操作提高表格数据的美观性和可读性。

【操作提示】综合利用删除单元格、合并单元格、设置字体格式、设置对齐方式、设置边框和底纹、设置数据类型等操作完成数据清洗工作，参考效果如图 2-41 所示。

【素材位置】配套资源：\素材文件\第 2 章\课后练习\企业营业收入.xlsx。

【效果位置】配套资源：\效果文件\第 2 章\课后练习\企业营业收入 02.xlsx。

项目	绝对值/亿元	比上年增长/%	所占比重/%
一、营业收入	129,515.0	8.2	100
其中：文化新业态	52,395.0	15.3	40.5
按产业类型分			
文化制造业	40,962.0	0.6	31.6
文化批发和零售业	20,814.0	6.1	16.1
文化服务业	67,739.0	14.1	52.3
按领域分			
文化核心领域	83,978.0	12.2	64.8
文化相关领域	45,537.0	1.5	35.2
按行业类别分			
新闻信息服务	17,243.0	15.5	13.3
内容创作生产	28,262.0	10.7	21.8
创意设计服务	21,249.0	8.7	16.4
文化传播渠道	14,797.0	11.9	11.4
文化投资运营	669.0	24.4	0.5
文化娱乐休闲服务	1,758.0	63.2	1.4
文化辅助生产和中介服务	15,468.0	0.4	11.9
文化装备生产	6,282.0	−2.6	4.9
文化消费终端生产	23,787.0	3.3	18.4
按区域分			
东部地区	101,223.0	8.7	78.2
中部地区	15,394.0	3.6	11.9
西部地区	11,688.0	10	9
东北地区	1,210.0	5.4	0.9
二、利润总额	11,566.0	30.9	—
三、资产总计（期末）	196,200.0	7.6	—

注：
1.表中速度均为未扣除价格因素的名义增速。
2.表中部分数据因四舍五入，存在总计与分项合计不等的情况。

图 2-41

第**3**章

数据的计算与分析

在处理与分析数据的过程中，分析人员经常会进行计算与分析数据的操作，如学生成绩的统计与分析、商品销售情况的计算与分析、员工工资的统计与汇总、店铺日常运营情况的分析等。Excel 具有强大的数据计算与分析功能。借助这些功能，分析人员可以更加轻松和灵活地完成数据的处理与分析工作，一方面可以提高数据的处理与分析效率，另一方面能够确保分析结果的准确性。

📖 **学习要点**

◎ 掌握公式的输入、编辑等操作。

◎ 掌握函数的插入、嵌套等操作，并熟悉若干常见函数。

◎ 掌握数据排序和筛选操作。

◎ 熟悉数据的分列与分类汇总的应用。

◎ 熟悉利用 AIGC 工具询问计算公式或函数的方法。

✧ **素养目标**

◎ 培养和拓展计算思维能力。

◎ 培养发现问题和解决问题的能力。

◈ **扫码阅读**

案例欣赏

课前预习

3.1 使用公式计算数据

在 Excel 中计算数据时，公式起到了至关重要的作用，这在前面介绍数据清洗的操作时已经有所体现。公式可以完成各种数据的计算，灵活运用公式就能更好地完成数据的处理与分析。

3.1.1　课堂案例——借助文心一言计算商品销售数据

【制作要求】借助文心一言计算商品在第一季度的销售额数据。

【操作要点】借助文心一言完成销售额的计算，参考效果如图 3-1 所示。

【素材位置】配套资源：\素材文件\第 3 章\商品销售数据.xlsx。

【效果位置】配套资源：\效果文件\第 3 章\商品销售数据.xlsx。

商品编号	商品名称	单价/元	1月份销量/双	2月份销量/双	3月份销量/双	销售额/元
FY001	乐福鞋	359	77	80	199	127804.0
FY002	老爹鞋	206	112	157	138	83842.0
FY003	篮球鞋	513	129	170	192	251883.0
FY004	马丁鞋	641	63	155	51	172429.0
FY005	训练鞋	152	72	132	186	59280.0
FY006	雪地鞋	202	176	109	200	97970.0
FY007	跑步鞋	180	143	185	131	82620.0
FY008	运动鞋	332	174	151	95	139440.0
FY009	休闲鞋	246	111	78	196	94710.0
FY010	板鞋	137	156	199	101	62472.0
FY011	德比鞋	335	133	77	92	101170.0
FY012	牛津鞋	478	57	110	161	156784.0
FY013	帆布鞋	317	189	194	83	147722.0

图 3-1

其具体操作如下。

STEP 01　登录文心一言，在文本框中输入需求内容并提交。这里告诉文心一言表格的背景情况，即各项目的名称，然后询问如何计算商品销售额，如图 3-2 所示。

图 3-2

视频教学：
借助文心一言计算商品销售数据

STEP 02　文心一言将根据提供的表格项目，假设出各月销量、单价和销售额的参数，然后提供计算商品销售额的具体公式，如图 3-3 所示，即销售额=单价×（1 月份销量+2 月份销量+3 月份销量）。

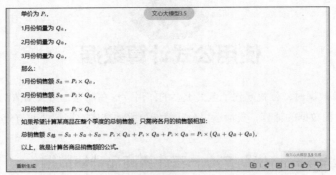

图 3-3

STEP 03 打开"商品销售数据.xlsx"素材文件，选择 G1 单元格，输入"销售额/元"，按【Ctrl+Enter】组合键确认输入，如图 3-4 所示。

STEP 04 选择 G2 单元格，在编辑框中输入"="，然后单击 C2 单元格，此时该单元格的地址将自动引用到编辑框的"="后面，如图 3-5 所示。

图 3-4

图 3-5

STEP 05 继续在单元格地址后输入"*"和英文状态下的"()"，并将插入点定位到括号中，如图 3-6 所示。

STEP 06 单击 D2 单元格将地址引用到括号内，继续输入"+"，如图 3-7 所示。

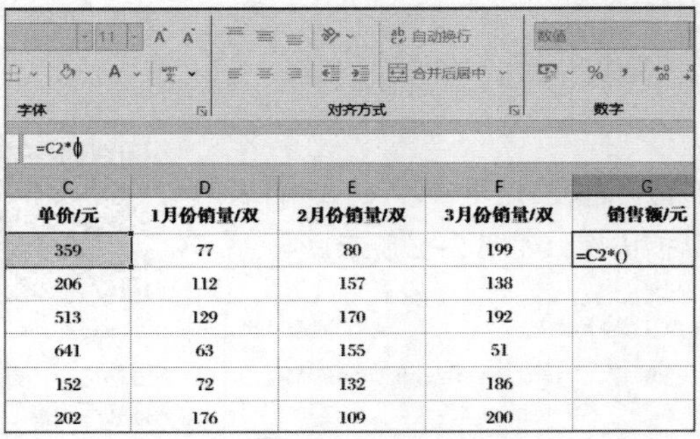

图 3-6

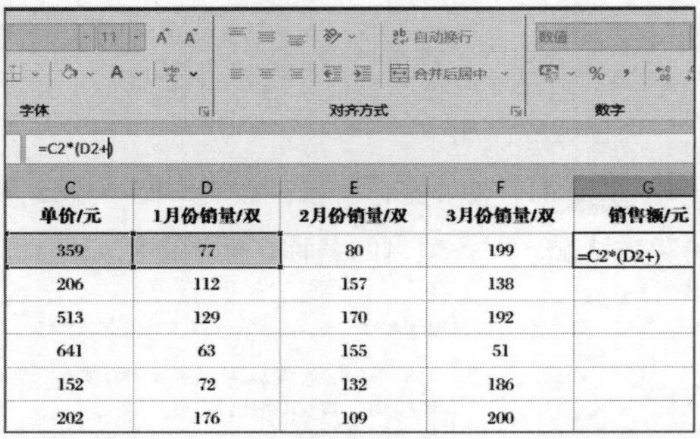

图 3-7

STEP 07 按相同方法继续在括号中引用 E2 单元格和 F2 单元格的地址，并在两个单元格地址之间输入"+"。该公式表示用商品的单价乘以对应商品 3 个月的销量之和，如图 3-8 所示。

STEP 08 按【Ctrl+Enter】组合键得到商品对应的销售额数据，如图 3-9 所示。需要注意的是，包含公式的单元格显示的是公式的计算结果，但编辑框中显示的是公式内容，当修改公式后，单元格中的结果会自动修正。

图 3-8　　　　　　　　　　　　　　　　图 3-9

STEP 09 双击 G2 单元格右下角的填充柄，Excel 2019 将根据 G2 单元格中的公式自动填充到相邻的单元格中，从而快速得到其他商品的销售额数据，如图 3-10 所示。

	A	B	C	D	E	F	G	H
1	商品编号	商品名称	单价/元	1月份销量/双	2月份销量/双	3月份销量/双	销售额/元	
2	FY001	乐福鞋	359	77	80	199	127804.0	
3	FY002	老爹鞋	206	112	157	138	83842.0	
4	FY003	篮球鞋	513	129	170	192	251883.0	
5	FY004	马丁鞋	641	63	155	51	172429.0	
6	FY005	训练鞋	152	72	132	186	59280.0	
7	FY006	雪地鞋	202	176	109	200	97970.0	
8	FY007	跑步鞋	180	143	185	131	82620.0	
9	FY008	运动鞋	332	174	151	95	139440.0	
10	FY009	休闲鞋	246	111	78	196	94710.0	
11	FY010	板鞋	137	156	199	101	62472.0	
12	FY011	德比鞋	335	133	77	92	101170.0	
13	FY012	牛津鞋	478	57	110	161	156784.0	
14	FY013	帆布鞋	317	189	194	83	147722.0	

图 3-10

3.1.2　公式的组成

公式是指能够完成一系列数学运算、逻辑判断和文本处理等操作，且能够计算并返回特定结果的对象。在 Excel 2019 中，公式需要以 "="开头，在 "="后可根据需要输入相应的常量、运算符、单元格地址或函数来组成公式的内容。换句话说，Excel 2019 中的公式最多由 5 个部分组成，即 "="、常量、运算符、单元格地址（包括单元格区域地址）和函数，如图 3-11 所示。公式中 "="必须处于公式的开始处，这是区别普通数据与公式的标识；常量即不会变化的数据；运算符即进行运算的符号；单元格地址即参与公式运算的单元格中的数据；函数相当于公式中的一个参数，参与计算的数据为函数返回的结果。

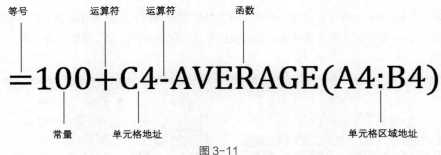

图 3-11

3.1.3 单元格的引用方式

单元格的引用方式可以理解为公式或函数中所引用的单元格地址在目标单元格的位置发生变化时的变化方式。单元格引用通过行号和列标来标识公式中所使用的数据地址，Excel 2019 自动根据其中的行号和列标来查找单元格，达到引用单元格中数据的目的。不同的引用方式会导致不同的计算结果。在 Excel 2019 中，常用的单元格引用方式包括相对引用、绝对引用和混合引用 3 种。

1. 相对引用

相对引用是指公式中的单元格地址会随着存放计算结果的单元格位置的变化而相对变化。无论是复制公式还是填充公式，Excel 2019 默认的引用方式均是相对引用。例如，复制 E2 单元格，并选择 E3 单元格进行粘贴操作后，E3 单元格中的公式将由 "=C2*D2" 自动变成 "=C3*D3"，如图 3-12 所示。

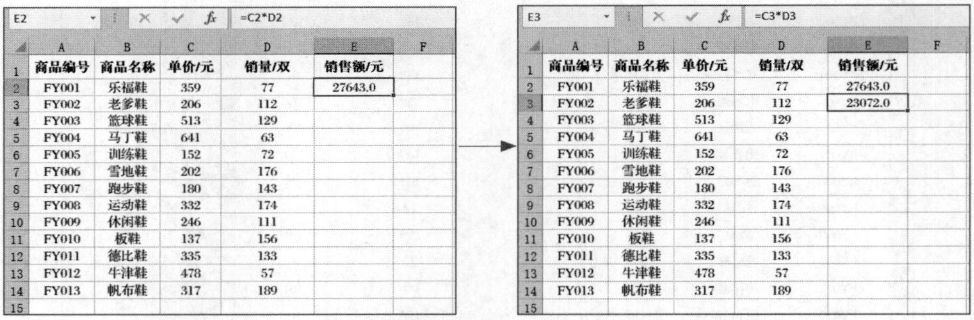

图 3-12

2. 绝对引用

绝对引用是指引用单元格的绝对地址，这使被引用单元格与引用单元格之间的关系是绝对的。操作时只需在单元格地址的行号和列标前添加 "$"，这样就能锁定单元格的位置，之后无论将公式复制或填充到哪里，引用的单元格地址都不会发生任何变化。例如，将 E2 单元格公式中的单元格地址引用方式设置为绝对引用，即 "=$C$2*$D$2"，复制 E2 单元格，并选择 E3 单元格进行粘贴操作后，E3 单元格中的公式并未发生变化，如图 3-13 所示。当需要进行绝对引用时，只需选择公式中的单元格地址，按【F4】键添加 "$" 即可。

3. 混合引用

混合引用是指相对引用与绝对引用同时存在的单元格引用方式，包括绝对列和相对行（即在列标前添加 "$"）、绝对行和相对列（即在行号前添加 "$"）两种形式。

　　在混合引用中，绝对引用的部分保持绝对引用的性质，不会随单元格位置的变化而变化；相对引用的部分同样保持相对引用的性质，自动随着单元格位置的变化而变化。选择公式中的单元格地址，连续按【F4】键可以使单元格引用方式在"绝对引用→混合引用（行绝对、列相对）→混合引用（行相对、列绝对）→相对引用→绝对引用"过程中循环切换。图 3-14 所示为行相对、列绝对的混合引用效果，其中列的位置不发生变化，行的位置发生相对变化。

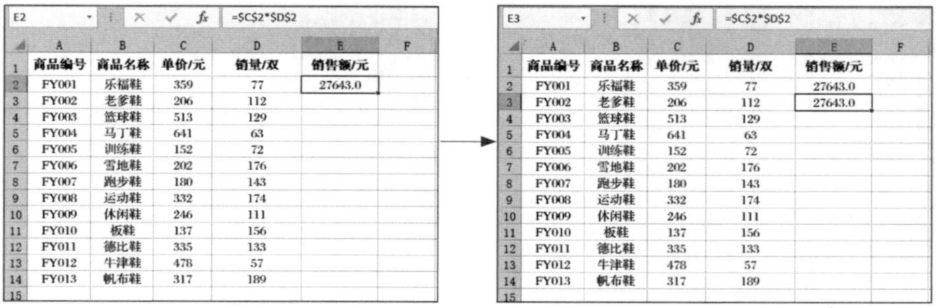

图 3-13

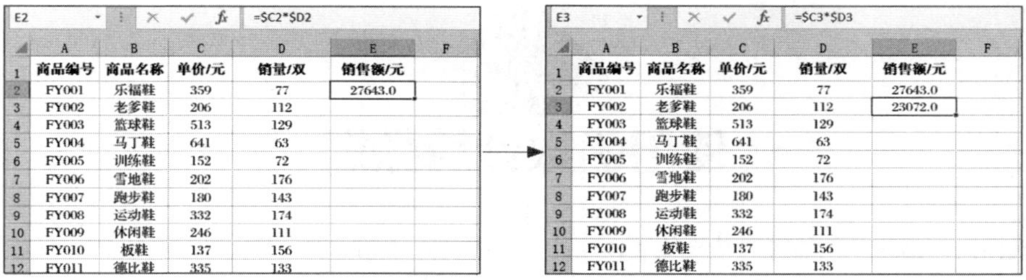

图 3-14

3.1.4 输入与编辑公式

　　与普通数据相比，公式的输入、确认、修改、复制等操作有一定的区别，在实际操作中要特别注意，否则会改变公式的内容。

　　1. 输入与确认公式

　　输入与确认公式的方法：选择目标单元格，在编辑框中输入"="，然后依次输入公式的其他内容，如果需要引用单元格地址，可通过单击单元格快速引用，完成后按【Enter】键，或按【Ctrl+Enter】组合键，或单击编辑框左侧的"输入"按钮 ✔。这里特别强调一点，如果输入的是普通数据，那么可以单击其他任意单元格确认输入，但输入的若是公式，一定不能这样操作，因为单击其他任意单元格会将该单元格的地址引用到公式中。

　　2. 修改公式

　　修改公式的方法：选择包含公式的单元格，在编辑框中修改公式内容，完成后按【Enter】键，或按【Ctrl+Enter】组合键，或单击编辑框左侧的"输入"按钮 ✔。

　　3. 复制公式

　　复制公式涉及两种情形，第一种情形是复制包含公式的单元格到目标单元格。这种操作与复制、粘贴普通数据的方法相同，且公式被复制后会发生相对变化。第二种情形是选择包含公式的单元格，仅复制编辑框中的公式内容，然后选择目标单元格，在编辑框中完成粘贴操作。此时复制的公式无论是相对引用还是绝对引用，内容都不会发生变化，如图 3-15 所示。

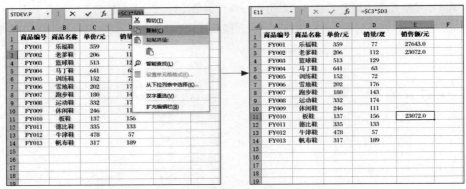

图 3-15

3.2
使用函数计算数据

与公式相比，函数不仅能提高计算效率，还能完成更多复杂的计算。Excel 2019 中提供大量的函数，合理使用这些函数能解决各种计算问题。

3.2.1 课堂案例——使用通义统计商品销售数据

【制作要求】使用通义了解多种函数，然后利用多种函数统计第一季度的商品销售排名、销售总额、总销量、最高销量和最低销量等数据。

【操作要点】利用插入函数和输入函数等方式完成商品销售数据的统计操作，参考效果如图 3-16所示。

【素材位置】配套资源：\素材文件\第 3 章\商品销售数据 02.xlsx。

【效果位置】配套资源：\效果文件\第 3 章\商品销售数据 02.xlsx。

商品编号	商品名称	单价/元	1月份销量/双	2月份销量/双	3月份销量/双	销售额/元	排名	销售总额/元
FY001	乐福鞋	359	77	80	199	127804.0	6	1578126.0
FY002	老爹鞋	206	112	157	138	83842.0	10	总销量/双
FY003	篮球鞋	513	129	170	192	251883.0	1	5214
FY004	马丁鞋	641	63	155	51	172429.0	2	最高销量/双
FY005	训练鞋	152	72	132	186	59280.0	4	200
FY006	雪地鞋	202	176	109	200	97970.0	8	最低销量/双
FY007	跑步鞋	180	143	185	131	82620.0	11	57
FY008	运动鞋	332	174	151	95	139440.0	5	
FY009	休闲鞋	246	111	78	196	94710.0	9	

图 3-16

其具体操作如下。

STEP 01 登录通义官方网站，在文本框中输入需求内容并提交。这里告诉通义需要统计的数据，让通义给出相应的函数和参数解释。提交后将返回相应的信息，如图 3-17 所示，借助这些信息可以完成后续的数据统计工作。

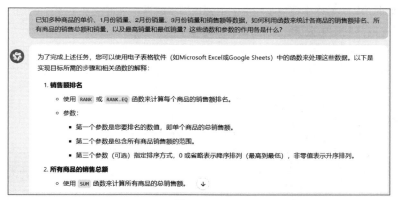

图 3-17

STEP 02 打开"商品销售数据 02.xlsx"素材文件，在 H1 单元格中输入"排名"，选择 H2 单元格，单击编辑框左侧的"插入函数"按钮 *fx*，如图 3-18 所示。

视频教学：
使用通义统计
商品销售数据

	1月份销量/双	2月份销量/双	3月份销量/双	销售额/元	排名		
1	77	80	199	127804.0			
2	112	157	138	83842.0			
3	129	170	192	251883.0			
4	63	155	51	172429.0			
5	72	132	186	59280.0			
6	176	109	200	97970.0			
7	143	185	131	82620.0			

图 3-18

STEP 03 打开"插入函数"对话框，在"或选择类别"下拉列表中选择"统计"，在"选择函数"列表中选择"RANK.EQ"，单击 确定 按钮，如图 3-19 所示。

STEP 04 打开"函数参数"对话框，在"Number"文本框中单击鼠标左键定位插入点，然后单击 G2 单元格，将其地址引用到"Number"文本框中，如图 3-20 所示。

图 3-19

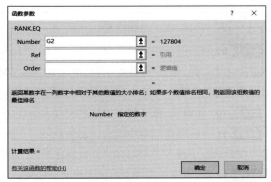

图 3-20

STEP 05 在"Ref"文本框中单击鼠标左键定位插入点，然后选择 G2:G14 单元格区域，将其地址引用到"Ref"文本框中。选择引用的地址，按【F4】键将其设置为绝对引用的形式，单击 确定 按钮，如图 3-21 所示。此函数内容表示在 G2:G14 单元格区域中比较 G2 单元格的数据大小，从而决定排名结果。

STEP 06 此时 H2 单元格中将显示该商品的销售排名数据，双击该单元格右下角的填充柄，快速填充函数，得到其他商品的排名数据，如图 3-22 所示。

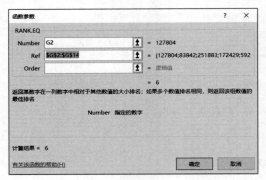

图 3-21

图 3-22

STEP 07 在 J1 单元格中输入"销售总额/元"，选择 J2 单元格，单击编辑框左侧的"插入函数"按钮，如图 3-23 所示。

STEP 08 打开"插入函数"对话框，在"或选择类别"下拉列表中选择"数学与三角函数"，在"选择函数"列表中选择"SUM"，单击 确定 按钮，如图 3-24 所示。

E	F	G	H	J
2月份销量/双	3月份销量/双	销售额/元	排名	销售总额/元
80	199	127804.0	6	
157	138	83842.0	10	
170	192	251883.0	1	
155	51	172429.0	2	
132	186	59280.0	13	
109	200	97970.0	8	
185	131	82620.0	11	
151	95	139440.0	5	
78	196	94710.0	9	
199	101	62472.0	12	

图 3-23

图 3-24

STEP 09 打开"函数参数"对话框，选择"Number1"文本框中原有的内容，按【Delete】键删除，然后选择 G2:G14 单元格区域，将其地址引用到"Number1"文本框中，单击 确定 按钮，如图 3-25 所示。此函数内容表示对 G2:G14 单元格区域中的数据求和。

STEP 10 此时 J2 单元格中将显示所有商品 3 个月的销售总额数据，如图 3-26 所示。

STEP 11 在 J3 单元格中输入"总销量/双"，选择 J4 单元格，熟悉了 SUM 函数的语法格式后，可以直接在编辑框中输入"=SUM()"，然后在输入的括号中单击鼠标左键定位插入点，如图 3-27 所示。

STEP 12 拖曳鼠标选择 D2:F14 单元格区域，将其地址引用到函数中，如图 3-28 所示。

图 3-25

=SUM(G2:G14)

E	F	G	H	I/J
2月份销量/双	3月份销量/双	销售额/元	排名	销售总额/元
80	199	127804.0	6	1578126.0
157	138	83842.0	10	
170	192	251883.0	1	
155	51	172429.0	2	
132	186	59280.0	13	
109	200	97970.0	8	
185	131	82620.0	11	
151	95	139440.0	5	
78	196	94710.0	9	
199	101	62472.0	12	

图 3-26

=SUM()

SUM(number1, [number2], ...)

E	F	G	H	I/J	K
2月份销量/双	3月份销量/双	销售额/元	排名	销售总额/元	
80	199	127804.0	6	1578126.0	
157	138	83842.0	10	总销量/双	
170	192	251883.0	1	=SUM()	
155	51	172429.0	2		
132	186	59280.0	13		
109	200	97970.0	8		
185	131	82620.0	11		
151	95	139440.0	5		
78	196	94710.0	9		
199	101	62472.0	12		
77	92	101170.0	7		

图 3-27

=SUM(D2:F14)

SUM(number1, [number2], ...)

E	F	G	H	I/J
2月份销量/双	3月份销量/双	销售额/元	排名	销售总额/元
80	199	127804.0	6	1578126.0
157	138	83842.0	10	总销量/双
170	192	251883.0	1	=SUM(D2:F14)
155	51	172429.0	2	
132	186	59280.0	13	
109	200	97970.0	8	
185	131	82620.0	11	
151	95	139440.0	5	
78	196	94710.0	9	
199	101	62472.0	12	
77	92	101170.0	7	

图 3-28

STEP 13　按【Ctrl+Enter】组合键得到所有商品 3 个月的总销量数据，如图 3-29 所示。

STEP 14　在 J5 单元格中输入"最高销量/双"，选择 J6 单元格，单击编辑框左侧的"插入函数"按钮 *fx*，如图 3-30 所示。

=SUM(D2:F14)

E	F	G	H	I/J
2月份销量/双	3月份销量/双	销售额/元	排名	销售总额/元
80	199	127804.0	6	1578126.0
157	138	83842.0	10	总销量/双
170	192	251883.0	1	5214
155	51	172429.0	2	
132	186	59280.0	13	
109	200	97970.0	8	
185	131	82620.0	11	
151	95	139440.0	5	

图 3-29

fx

E	F	G	H	I/J
2月份销量/双	3月份销量/双	销售额/元	排名	销售总额/元
80	199	127804.0	6	1578126.0
157	138	83842.0	10	总销量/双
170	192	251883.0	1	5214
155	51	172429.0	2	最高销量/双
132	186	59280.0	13	
109	200	97970.0	8	
185	131	82620.0	11	
151	95	139440.0	5	
78	196	94710.0	9	

图 3-30

STEP 15　打开"插入函数"对话框，在"或选择类别"下拉列表中选择"统计"，在"选择函数"列表中选择"MAX"，单击 确定 按钮，如图 3-31 所示。

STEP 16　打开"函数参数"对话框，选择"Number1"文本框中原有的内容，按【Delete】键删除，然后选择 D2:F14 单元格区域，将其地址引用到"Number1"文本框中，单击 确定 按钮，如图 3-32 所示。此函数内容表示返回 D2:F14 单元格区域中最大的数据。

STEP 17　此时 J6 单元格中将显示所有商品 3 个月的最高销量数据，如图 3-33 所示。

STEP 18　在 J7 单元格中输入"最低销量/双"，选择 J8 单元格，在编辑框中输入"=MIN()"，然后在输入的括号中单击鼠标左键定位插入点，如图 3-34 所示。

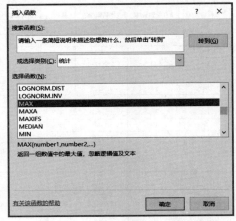

图 3-31

图 3-32

E	F	G	H	I	J	K
2月份销量/双	**3月份销量/双**	**销售额/元**	**排名**	**销售总额/元**		
80	199	127804.0	6	1578126.0		
157	138	83842.0	10	**总销量/双**		
170	192	251883.0	1	5214		
155	51	172429.0	2	**最高销量/双**		
132	186	59280.0	13	200		
109	200	97970.0	8			
185	131	82620.0	11			
151	95	139440.0	5			

=MAX(D4:F16)

图 3-33

图 3-34

STEP 19 拖曳鼠标选择 D2:F14 单元格区域，将其地址引用到函数中，如图 3-35 所示。

STEP 20 按【Ctrl+Enter】组合键得到所有商品 3 个月的最低销量数据，如图 3-36 所示。

=MIN(D2:F14)

E	F	G	H	I	J	K
MIN(number1, [number2], ...)						
2月份销量/双	**3月份销量/双**	**销售额/元**	**排名**	**销售总额/元**		
80	199	127804.0	6	1578126.0		
157	138	83842.0	10	**总销量/双**		
170	192	251883.0	1	5214		
155	51	172429.0	2	**最高销量/双**		
132	186	59280.0	13	200		
109	200	97970.0	8	**最低销量/双**		
185	131	82620.0	11	=MIN(D2:F14)		
151	95	139440.0	5			

图 3-35

图 3-36

3.2.2 函数的组成

与公式不同，Excel 函数具有特定的语法格式，要想利用函数完成数据计算，就需要遵从函数的语法格式。一个完整的函数由 "="、函数名、参数括号和函数参数构成。其中，"=" 用于区别普通数据；函数名用于调用指定的函数；参数括号用于划分参数区域；函数参数用于参与函数计算，可以是常量和单元格引用地址，","用于分隔函数参数，如图 3-37 所示。

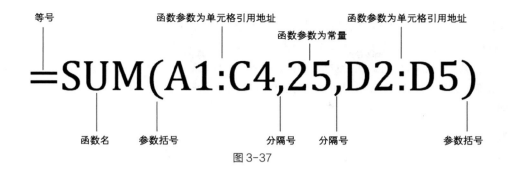

图 3-37

3.2.3 插入函数

插入函数的方法：选择单元格，单击编辑框左侧的"插入函数"按钮 f_x，或单击【公式】/【函数库】组中的"插入函数"按钮 f_x，打开"插入函数"对话框，在"或选择类别"下拉列表中选择函数所在类别（如果不清楚函数的类别，可在"搜索函数"文本框中输入函数的作用，如输入"提取"，表示希望提取单元格中的内容，单击 转到(G) 按钮，在下方的"选择函数"列表中将显示符合条件的函数）。这里选择"LEFT"，单击 确定 按钮，如图 3-38 所示。打开"函数参数"对话框（对话框中显示的文本框便是该函数对应的参数），在其中引用单元格地址或输入条件等内容，单击 确定 按钮即可，如图 3-39 所示。该函数参数表示在 B1 单元格中从左开始提取前 2 位字符。

> **知识拓展**
>
> 修改函数的方法主要有两种：如果熟悉函数的语法格式，可以直接在编辑框中进行修改；如果不熟悉函数的语法格式，可将插入点定位到编辑框的函数中，单击左侧的"插入函数"按钮 f_x，此时将打开"函数参数"对话框，在其中进行修改即可。

图 3-38

图 3-39

3.2.4 嵌套函数

嵌套函数是指将一个函数作为另一个函数的参数来使用。除了可以直接在编辑框中将函数的某个参数设置为另一个函数外，还可按以下方法来使用嵌套函数：按上述插入函数的方法打开"函数参数"对话框，将插入点定位到某个参数文本框中，单击名称框右侧的下拉按钮，在弹出的下拉列表中选择"其他函数"，打开"函数参数"对话框，选择需要作为参数的函数，然后设置嵌套函数的参数即可，如图 3-40 所示。该函数表示如果 A1 单元格中的数值大于 5000，则使用求和函数 SUM 计算 B1:B6 单元格区域中的数据之和，否则返回 0。其中，SUM 函数是 IF 函数的一个参数，作为 IF 函数的嵌套函数来使用。

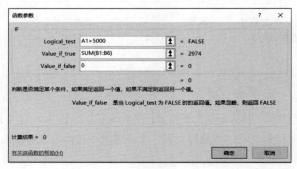

图 3-40

3.2.5 常用函数介绍

Excel 2019 中内置了大量的函数，这里介绍一些基础且使用频率较高的函数的使用方法。

1. AVERAGE 函数

AVERAGE 函数可以统计参数的算术平均值，其语法格式为

$$=AVERAGE(Number1,[Number2],\cdots,[Number255])$$

其中，参数 Number1 是必需的，表示要计算平均值的第一个数字、单元格引用或单元格区域；参数 Number2 至 Number255 是可选的，同样表示计算平均值的 2 至 255 个数字或区域。

🔔 **提示**

参数是必需的，指的是应用该函数时必须对该参数进行设置；参数是可选的，指的是应用该函数时可以根据需要选择是否设置该参数。在语法格式中标记"[ ]"的参数表示可选参数。

该函数的部分应用方式如图 3-41 所示。

	A	B	C	D	E	F	G
1	数据		公式		说明		结果
2	20		=AVERAGE(A2:A6)		计算A2:A6单元格区域中数字的算术平均值		20
3	19						
4	8		=AVERAGE(A2:A6,80)		计算A2:A6单元格区域中的数字与80的算术平均值		30
5	15						
6	38						

图 3-41

2. COUNT 函数

COUNT 函数可以统计包含数字的单元格的个数，其语法格式为

$$=COUNT(Value1,[Value2],\cdots,[Value255])$$

其中，参数 Value1 至 Value255 表示要统计包含数字的 1 至 255 个数字或区域。该函数的部分应用方式

如图 3-42 所示。

	A	B	C	D	E	F	G
1	数据		公式		说明		结果
2	50		=COUNT(A2:A5)		计算A2:A5单元格区域中包含数字的单元格个数		3
3	100						
4			=COUNT(A2:A5,90)		计算A2:A5单元格区域中包含数字的单元格个数与值为90的单元格个数之和		4
5	40						

图 3-42

3. MAX 函数

MAX 函数可以返回一组数中的最大值，其语法格式为

$$=MAX(Number1,[Number2],\cdots,[Number255])$$

其中，参数 Number1 至参数 Number255 表示需要从中查找最大值的 1 至 255 个数字或区域。该函数的部分应用方式如图 3-43 所示。

	A	B	C	D	E	F	G
1	数据		公式		说明		结果
2	79		=MAX(A2:A5)		返回A2:A5单元格区域中的最大值		79
3	26						
4	54		=MAX(A2:A5,100)		返回A2:A5单元格区域和数值100中的最大值		100
5	12						

图 3-43

4. MIN 函数

MIN 函数可以返回一组数中的最小值，其语法格式为

$$=MIN(Number1,[Number2],\cdots,[Number255])$$

其中，参数 Number1 至参数 Number255 表示需要从中查找最小值的 1 至 255 个数字或区域。该函数的部分应用方式如图 3-44 所示。

	A	B	C	D	E	F	G
1	数据		公式		说明		结果
2	79		=MIN(A2:A5)		返回A2:A5单元格区域中的最小值		12
3	26						
4	54		=MIN(A2:A5,9)		返回A2:A5单元格区域和数值9中的最小值		9
5	12						

图 3-44

5. RANK.EQ 函数

RANK.EQ 函数可以返回一列数字的数字排位，其语法格式为

$$=RANK.EQ(Number,Ref,[Order])$$

其中，参数 Number 表示需要排位的数字；参数 Ref 表示排位数字所在的数据区域；参数 Order 表示排位的方式，该参数为 0 或省略，表示降序排位，该参数为 1，表示升序排位。该函数的部分应用方式如图 3-45 所示。

	A	B	C	D	E	F	G
1	数据		公式		说明		结果
2	79		=RANK.EQ(A3,A2:A5)		返回A3单元格中的数据在A2:A5单元格区域中从大到小的排位		3
3	26						
4	54		=RANK.EQ(A3,A2:A5,1)		返回A3单元格中的数据在A2:A5单元格区域中从小到大的排位		2
5	12						

图 3-45

6. IF 函数

IF 函数可以设置测试条件，并根据是否满足该条件返回两种不同的结果，其语法格式为

$$=IF(Logical\_test,Value\_if\_true,[Value\_if\_false])$$

其中，参数 Logical_test 表示设置的测试条件；参数 Value_if_true 表示当满足条件后返回的结果；参数 Value_if_false 表示当不满足条件后返回的结果。该函数的部分应用方式如图 3-46 所示。

	A	B	C	D	E	F	G
1	数据		公式		说明		结果
2	6000		=IF(A2>6000,"超出预算","未超出预算")		判断A2单元格中的数据是否大于6000，若大于6000返回"超出预算"字符串；若小于或等于6000则返回"未超出预算"字符串		未超出预算
3							

图 3-46

7. SUM 函数

SUM 函数可以返回多个数据之和，其语法格式为

$$=SUM(Number1,[Number2],\cdots,[Number255])$$

其中，参数 Number1 至参数 Number255 表示需要求和的若干数据，该函数的部分应用方式如图 3-47 所示。

	A	B	C	D	E	F	G
1	数据		公式		说明		结果
2	20		=SUM(A2:A5)		计算A2:A5单元格区域各数据之和		1160
3	40						
4	100		=SUM(A2:A4,2000)		计算A2:A4单元格区域各数据以及数据2000之和		2160
5	1000						

图 3-47

8. VLOOKUP 函数

VLOOKUP 函数可以在表格的首列搜索值，然后返回该值在表格中指定列所在行对应的值，其语法格式为

$$=VLOOKUP(Lookup\_value,Table\_array,Col\_index\_num,[Range\_lookup])$$

其中，参数 Lookup_value 表示要在表格的第一列中查找的值；参数 Table_array 表示要查找数据的表格区域；参数 Col_index_num 表示目标匹配值所在表格中的列号；参数 Range_lookup 表示执行精确匹配还是近似匹配，省略该参数或将该参数设置为"TRUE"表示为近似匹配，即如果找不到精确匹配值，将返回精确值的值，将该参数设置为"FALSE"表示精确匹配。该函数的部分应用方式如图 3-48 所示。

	A	B	C	D	E	F	G	H	I
1	数据1	数据2	数据3		公式		说明		结果
2	20	100	5000		=VLOOKUP(A4,A1:C4,2,FALSE)		在首列查找A4单元格中的数据，并精确返回第2列单元格中对应行的值		700
3	30	500	8000						
4	40	700	9000		=VLOOKUP(22,A1:C4,3)		在首列查找22，由于没有该值，因此近似匹配最接近精确值的值，并返回第3列单元格中对应行的值		5000

图 3-48

3.3 通过排序分析数据

数据排序是指按照特定的条件将数据记录重新排列，目的在于获取想要的信息，如了解畅销商品的数据，掌握仓库的库存数量等。

3.3.1 课堂案例——对店铺会员数据进行排序分析

【制作要求】查看店铺会员数据中交易次数较高的会员记录，然后将数据以好评次数由高到低排序，若好评次数相同，则优先排列购物总金额较高的数据。

【操作要点】通过快速排序查看会员的交易次数情况，然后利用多关键字排序按要求进行数据排序，参考效果如图 3-49 所示。

【素材位置】配套资源：\素材文件\第 3 章\店铺会员数据.xlsx。

【效果位置】配套资源：\效果文件\第 3 章\店铺会员数据.xlsx。

	A	B	C	D	E	F	G	H	I
1	会员姓名	会员级别	年龄/岁	交易频次/次	购物总金额/元	好评次数/次			
2	高晓欣	高级会员	30	77	15048.0	95			
3	和欣菁	高级会员	39	53	11159.0	92			
4	姜梦瑶	高级会员	37	56	17539.0	90			
5	赵小军	高级会员	41	90	11827.0	79			
6	余君	高级会员	37	98	16041.0	73			

图 3-49

其具体操作如下。

STEP 01 打开"店铺会员数据.xlsx"素材文件，选择 D2 单元格，在【数据】/【排序和筛选】组中单击"降序"按钮，如图 3-50 所示。

STEP 02 此时表格中的所有会员记录将按照交易频次的多少，由高到低进行排列，可见交易频次较高的会员均是高级会员，如图 3-51 所示。

视频教学：
对店铺会员数据
进行排序分析

图 3-50

图 3-51

STEP 03 在【数据】/【排序和筛选】组中单击"排序"按钮，打开"排序"对话框，在"排序依据"下拉列表中选择"好评次数/次"，在"次序"栏的下拉列表中选择"降序"，表示将数据记录按照好评次数的多少从高到低排列，如图 3-52 所示。

STEP 04 单击 添加条件(A) 按钮，在"次要关键字"下拉列表中选择"购物总金额/元"，在"次序"栏下对应的下拉列表中选择"降序"，表示当好评次数相同时，将数据记录按照购物总金额的多少从高到低排列，单击 确定 按钮，如图 3-53 所示。

图 3-52   图 3-53

STEP 05 完成排序操作，可见会员数据将按照好评次数从高到低降序排列，当好评次数相同时，则以购物总金额为排序标准，按购物总金额从高到低降序排列，如图 3-54 所示。

	会员姓名	会员级别	年龄/岁	交易频次/次	购物总金额/元	好评次数/次
1						
2	高晓欣	高级会员	30	77	15048.0	95
3	和欣菁	高级会员	39	53	11159.0	92
4	姜梦瑶	高级会员	37	56	17539.0	90
5	赵小军	高级会员	41	90	11827.0	79
6	余君	高级会员	37	98	16041.0	73
7	罗莲姬	高级会员	36	78	12619.0	63
8	禹万纯	高级会员	37	53	19199.0	61
9	章熙	中级会员	36	35	4979.0	37
10	尹夏爽	中级会员	41	28	5807.0	35
11	柏淇山	中级会员	34	30	5692.0	34
12	葛亮	中级会员	35	21	5763.0	30
13	岑霭嘉	中级会员	37	23	4363.0	30
14	汪照	中级会员	36	28	6176.0	29
15	汤香若	中级会员	38	33	6054.0	29
16	伍黛时	中级会员	42	34	4000.0	28

图 3-54

3.3.2 快速排序

快速排序是指以选择的单元格所在的项目为排序依据，快速对数据记录进行排序操作。其方法：选择表格中作为排序依据的项目下任意包含数据的单元格，在【数据】/【排序和筛选】组中单击"升序"按钮 可将数据记录以升序方式排列；单击"降序"按钮 可将数据记录以降序方式排列，如图 3-55 所示。

"升序"按钮

"降序"按钮

图 3-55

3.3.3 多关键字排序

多关键字排序是指设置多个排序关键字作为排序依据来排列数据记录。当在设置的第一个排序依据下出现相同的数据记录，则按照第二个排序依据排列数据记录，当在第二个排序依据下也出现相同的数据记录时，再按照第三个排序依据排列数据记录，以此类推。

设置多关键字排序的方法：选择表格中任意包含数据的单元格，在【数据】/【排序和筛选】组中单击"排序"按钮 ，打开"排序"对话框，在"排序依据"下拉列表中选择某个表格项目作为第一个排序依据，在"次序"栏的下拉列表中选择所需的排列方式。单击 按钮，在"次要关键字"下拉列表中选择另一个项目作为第二个排序依据，在"次序"栏的下拉列表中选择所需的排列方式。如果还需添加排序依据，可继续单击 按钮，并按相同方法设置排序依据，最后单击 确定 按钮。

例如，图 3-56 中，设置的排序条件表示以成交订单数为第一个排序依据，从高到低排列数据，如果某些数据记录的成交订单数相同，则以新访客数为第二个排序依据，从高到低排列这些数据。

图 3-56

3.4
通过筛选分析数据

当需要在海量的数据记录中查看某些符合条件的数据时，使用 Excel 2019 的筛选功能能快速剔除不符合条件的数据记录，从而避免逐条浏览记录，增加不必要的工作量。

3.4.1 课堂案例——对店铺会员数据进行筛选分析

【制作要求】查看店铺会员数据中高级会员的数据记录，然后查看年龄在 36 岁以下且交易频次在 9 次以上的会员数据记录。

【操作要点】通过指定筛选内容查看高级会员的数据记录，通过设置筛选条件查看满足年龄要求和交易频次要求的会员数据记录，参考效果如图 3-57 所示。

【素材位置】配套资源：\素材文件\第 3 章\店铺会员数据 02.xlsx。

【效果位置】配套资源：\效果文件\第 3 章\店铺会员数据 02.xlsx。

A	B	C	D	E	F
会员姓名	会员级别	年龄/岁	交易频次/次	购物总金额/元	好评次数/次
于晴亭	初级会员	31	13	1730.0	5
卢芸柔	初级会员	31	12	1318.0	9
毕文	初级会员	30	11	1306.0	11
柏淇山	中级会员	34	30	5692.0	34
费懂乐	初级会员	29	15	1936.0	5
贺晶启	初级会员	30	15	2713.0	8
徐允和	初级会员	31	10	1892.0	12
高晓欣	高级会员	30	77	15048.0	95
常悦斌	初级会员	31	11	1853.0	9
葛亮	中级会员	35	21	5763.0	30
谢浩雨	初级会员	33	13	1479.0	6
路嘉玮	初级会员	34	13	1473.0	13
蔡可	初级会员	29	13	2789.0	14

图 3-57

其具体操作如下。

STEP 01 打开 "店铺会员数据 02.xlsx" 素材文件，选择任意包含数据的单元格，在【数据】/【排序和筛选】组中单击 "筛选" 按钮。

视频教学：
对店铺会员数据
进行筛选分析

STEP 02 此时表格所有项目的右侧将显示下拉按钮，单击 "会员级别" 项目右侧的下拉按钮，在弹出的下拉列表中取消勾选 "（全选）" 复选框，然后勾选 "高级会员" 复选框，单击 确定 按钮，如图 3-58 所示。

STEP 03 此时将仅显示级别为高级会员的数据记录，如图 3-59 所示。

图 3-58

A	B	C	D	E
会员姓名	会员级别	年龄/岁	交易频次/次	购物总
余君	高级会员	37	98	1604
罗蓝姬	高级会员	36	78	1261
和欣菁	高级会员	39	53	1115
赵小军	高级会员	41	90	1182
禹万纯	高级会员	37	53	1919
姜梦瑶	高级会员	37	56	1753
高晓欣	高级会员	30	77	1504

图 3-59

STEP 04 单击【数据】/【排序和筛选】组中的 清除 按钮重新显示所有数据记录，然后单击 "年龄/岁" 项目右侧的下拉按钮，在弹出的下拉列表中选择【数字筛选】/【小于或等于】，如图 3-60 所示。

STEP 05 打开 "自定义自动筛选" 对话框，在右上方的文本框中输入 "35"，单击 确定 按钮，如图 3-61 所示。

STEP 06 此时表格中将仅显示年龄在 35 岁及以下的会员记录，如图 3-62 所示。

STEP 07 继续单击 "交易频次/次" 项目右侧的下拉按钮，在弹出的下拉列表中选择【数字筛选】/【大于或等于】，如图 3-63 所示。

图 3-60   图 3-61

图 3-62   图 3-63

STEP 08 打开"自定义自动筛选"对话框,在右上方的文本框中输入"10",单击 确定 按钮,如图 3-64 所示。

STEP 09 此时在仅显示年龄在 35 岁及以下会员记录的基础上,进一步筛选出交易频次在 10 次及以上的数据记录,如图 3-65 所示。

图 3-64   图 3-65

3.4.2 指定筛选内容

指定筛选内容是指根据需要筛选出特定内容的数据记录,多针对内容为中文的数据。其方法:选择任意包含数据的单元格,在【数据】/【排序和筛选】组中单击"筛选"按钮▼,然后单击目标项目右侧的下拉按钮▼,在弹出的下拉列表中勾选指定内容对应的复选框,单击 确定 按钮,如图 3-66 所示。

图 3-66

3.4.3 设置筛选条件

设置筛选条件是指通过对某个项目设置条件筛选出满足该条件的数据记录，多针对内容为数字的数据。其方法：进入筛选状态，单击目标项目右侧的下拉按钮 ▼，在弹出的下拉列表中选择"数字筛选"，在弹出的下拉列表中选择某种条件，并在打开的对话框中设置条件，最后单击 确定 按钮，如图 3-67 所示。

图 3-67

3.5

通过分列与汇总分析数据

分列数据是指将某个数据列按照指定的要求分为多个数据列。汇总数据是指对数据进行分类，然后汇总出各类别的数据。这些操作都是计算与分析数据时常用的操作。

3.5.1　课堂案例——对店铺会员数据进行分列与汇总分析

【制作要求】统计不同客服部门主管的会员数量。

【操作要点】使用"分列"功能分列出"主管客服"数据列，利用"分类汇总"功能，以不同客服部门为类别，汇总出各部门主管的会员数量，参考效果如图 3-68 所示。

【素材位置】配套资源：\素材文件\第 3 章\店铺会员数据 03.xlsx。

【效果位置】配套资源：\效果文件\第 3 章\店铺会员数据 03.xlsx。

图 3-68

其具体操作如下。

STEP 01　打开"店铺会员数据 03.xlsx"素材文件，在"年龄/岁"列标上单击鼠标右键，在弹出的快捷菜单中选择"插入"命令，在 C 列后插入一列空白单元格（D 列），作为后续对 C 列进行分列操作时分列数据的存储空间，如图 3-69 所示。

图 3-69

视频教学：
对店铺会员
数据进行分列
与汇总分析

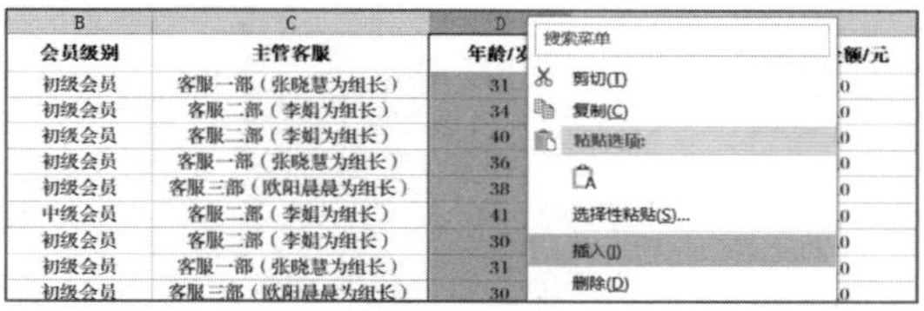

STEP 02　单击"主管客服"列标选择整列单元格，在【数据】/【数据工具】组中单击"分列"按钮，如图 3-70 所示。

STEP 03　打开"文本分列向导-第 1 步，共 3 步"对话框，单击选中"固定宽度"单选项，单击 下一步(N) > 按钮，如图 3-71 所示。这里单击选中"固定宽度"单选项的原因在于，"主管客服"列的单元格中需要分列出的客服部门名称的长度是一致的，如客服一部、客服二部、客服三部等。

图 3-70

图 3-71

STEP 04 打开“文本分列向导-第 2 步，共 3 步”对话框，在“数据预览”栏的刻度上单击鼠标左键插入分列线，使分列线的位置位于部门名称后面，单击 下一步(N) > 按钮，如图 3-72 所示。

STEP 05 打开“文本分列向导-第 3 步，共 3 步”对话框，此时可以设置分列后的各列数据的格式，这里默认各列数据的格式，直接单击 完成(F) 按钮，如图 3-73 所示。

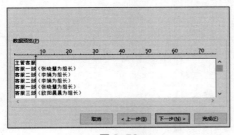

图 3-72

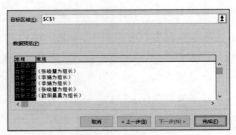

图 3-73

STEP 06 分列后的 D 列数据在本次操作中没有意义，因此可以将其删除。在 D 列列标上单击鼠标右键，在弹出的快捷菜单中选择“删除”命令，如图 3-74 所示。

STEP 07 适当减小“主管客服”列列宽，然后以“主管客服”列为排序依据，对数据记录进行升序排列，升序排列方法见前文所述，如图 3-75 所示。

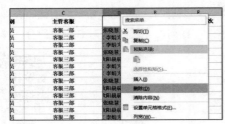

图 3-74

会员级别	主管客服	年龄/岁	交易频次/次	购物总金额
初级会员	客服一部	31	13	1730.0
初级会员	客服一部	36	6	1050.0
初级会员	客服一部	31	12	1318.0
中级会员	客服一部	42	34	4000.0
初级会员	客服一部	42	10	1968.0
初级会员	客服一部	33	7	1439.0
中级会员	客服一部	37	23	4363.0
初级会员	客服一部	40	5	2367.0
中级会员	客服一部	40	27	5641.0
中级会员	客服一部	36	28	6176.0
高级会员	客服一部	39	53	11159.0
初级会员	客服一部	40	11	2972.0
初级会员	客服一部	40	15	1653.0

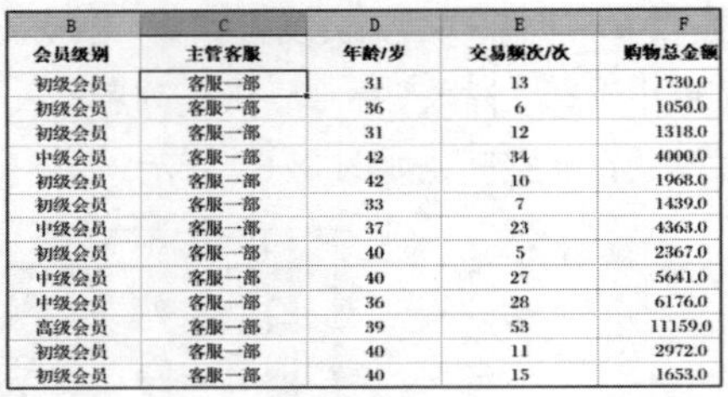

图 3-75

STEP 08 在【数据】/【分级显示】组中单击“分类汇总”按钮，打开“分类汇总”对话框，在“分类字段”下拉列表中选择“主管客服”，在“汇总方式”下拉列表中选择“计数”，在“选定汇总项”列表中仅勾选“会员姓名”复选框，单击 确定 按钮，如图 3-76 所示。

STEP 09 单击表格左侧的“2 级”按钮 2，此时表格将显示 2 级汇总数据，从中可以看到 3 个客服部门主管的会员数量，如图 3-77 所示。

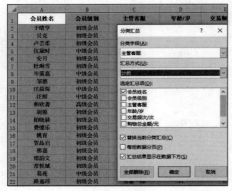

图 3-76

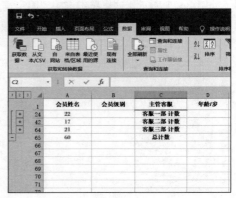

图 3-77

3.5.2　分列数据

分列数据可以提取数据中有价值的部分，清理无用的部分，整理杂乱的数据内容，为数据的计算和分析提供有用信息。

如果需要拆分某列单元格中的数据，可以使用 Excel 2019 的"分列"功能来实现。例如，当导入的数据中有一列单元格是"省份+空格+城市"，此时可利用"分列"功能将其拆分为"省份"列和"城市"列。其方法：单击需要分列的列标选择整列单元格，在【数据】/【数据工具】组中单击"分列"按钮，打开"文本分列向导-第 1 步，共 3 步"对话框，根据数据特点设置不同的分列方式，这里单击选中"分隔符号"单选项，单击 下一步(N) 按钮；打开"文本分列向导-第 2 步，共 3 步"对话框，根据数据中的分隔符单击选中"空格"单选项，单击 下一步(N) 按钮；打开"文本分列向导-第 3 步，共 3 步"对话框，根据需要设置分列后各列的数据格式，这里无须设置则可直接单击 完成(F) 按钮，如图 3-78 所示。

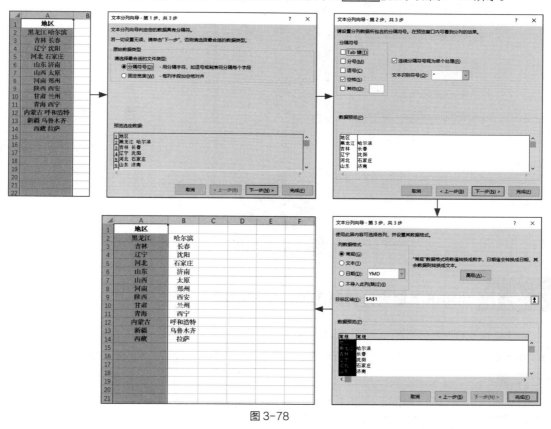

图 3-78

3.5.3　分类汇总数据

分类汇总数据可以将数据记录按照某种类型重新排列，然后对同类型数据记录进行汇总计算。其方法：按照简单排序的方法以需要的项目为排序依据排列数据，在【数据】/【分级显示】组中单击"分类汇总"按钮，打开"分类汇总"对话框，在"分类字段"下拉列表中单击排序依据对应的项目选项，在"汇总方式"下拉列表中选择某种汇总方式，在"选定汇总项"列表中设置汇总项（可设置一个或多个汇总项），单击 确定 按钮，如图 3-79 所示。该设置表示按类型分类数据，汇总出各类型商品的销售总额。

知识拓展

分类汇总后工作表左侧会出现代表汇总级别的按钮，单击相应按钮可显示相应级别及以上级别的数据内容。要想删除分类汇总的结果，可在"分类汇总"对话框中单击 全部删除(R) 按钮。另外，在"分类汇总"对话框中，取消选中"替换当前分类汇总"复选框，可达到多次汇总数据的目的，如不仅汇总出总和，还汇总出平均值，但需要进行两次或多次分类汇总操作。

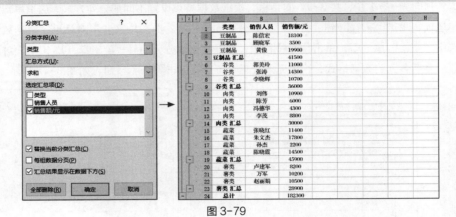

图 3-79

3.6 综合实训

3.6.1 利用讯飞星火计算员工加班工资数据

由于企业业务发展的需要和员工对薪资回报的需求，企业会适度地安排员工加班，由此产生的工资报酬属于企业的人工成本。为了更好地管理成本，企业需要制作员工加班工资数据表格。表 3-1 所示为本次实训的任务单。

表 3-1 利用讯飞星火计算员工加班工资数据的任务单

实训背景	某企业以月度为单位记录和整理员工加班工资数据，为了更好地管理和分析员工的加班工资数据，现需要计算员工的月度加班工资数据和排名情况，然后建立简单的查询器实现快速查询每位员工对应的加班工资和排名
操作要求	（1）确保每位员工的加班工资数据准确无误； （2）能够成功统计每位员工当月的排名； （3）能够达到查询某位员工姓名便得到对应的加班工资和排名的目的

续表

操作思路	（1）询问讯飞星火加班工资的计算公式，并解释 VLOOKUP 函数的用法； （2）根据"工时 × 工资系数 × 工时工资 = 工资合计"的公式计算每位员工当月的加班工资； （3）利用加班工资为数据源返回每位员工的排名数据； （4）利用 VLOOKUP 函数结合"数据验证"功能建立查询器
素材位置	配套资源：\素材文件\第 3 章\综合实训\员工加班工资.xlsx
效果位置	配套资源：\效果文件\第 3 章\综合实训\员工加班工资.xlsx
参考效果	

本实训的操作提示如下。

STEP 01 询问讯飞星火已知每位员工各周的加班工时、工资系数和工时工资，如何计算加班工资。

STEP 02 继续询问讯飞星火 VLOOKUP 函数的作用及各参数的含义，并举例说明该函数的具体使用方法。

视频教学：
利用讯飞星火
计算员工加班
工资数据

STEP 03 打开"员工加班工资.xlsx"素材文件，选择 J2:J21 单元格区域，在编辑框中输入"=SUM(D2:G2)*H2*I2"，按【Ctrl+Enter】组合键得到每位员工当月的加班工资数据。

STEP 04 选择 K2 单元格，利用"插入函数"对话框插入"RANK.EQ"函数，并设置函数参数，得到"=RANK.EQ(J2,$J$2:$J$21)"的内容，填充函数，得到所有员工的排名数据。

STEP 05 选择 M2 单元格，利用"数据验证"功能添加 B2:B21 单元格区域作为序列，达到选择输入的目的。

STEP 06 选择 N2 单元格，利用"插入函数"对话框插入"VLOOKUP"函数，并设置函数参数，得到"=VLOOKUP(M2,B1:K21,9,FALSE)"的内容。

STEP 07 复制 N2 单元格编辑框中的函数内容，选择 O2 单元格，在编辑框中粘贴函数，将其中的"9"修改为"10"。

STEP 08 选择 M2 单元格，利用下拉按钮选择员工姓名，查看返回的工资和排名是否正确，确认无误后可尝试查询其他员工的数据。

3.6.2 分析员工加班工资数据

企业制作员工加班工资数据表格的目的，一方面是更好地汇总和统计数据记录，另一方面是利用这些数据分析员工的加班表现和业务表现，以及将表格数据与企业的业务数据整合，从而全面了解企业的业务发展情况。表 3-2 所示为本次实训的任务单。

表 3-2　分析员工加班工资数据的任务单

实训背景	某企业制作了员工加班工资数据表格，现需要利用表格数据分析员工们当月的加班业绩、工资系数，并分析不同车间的加班工资数据，以便掌握各车间的业务开展情况和员工的工作积极性等情况
操作要求	（1）通过排序大致了解本月员工的加班工资收入情况； （2）分析工资系数较低且工资较高的数据记录； （3）了解各车间员工的加班工资总和以及平均工资
操作思路	（1）按排名数据升序排列数据记录，排名相同的按工资系数升序排列，工资系数相同的则按工号升序排列； （2）筛选工资合计大于 2000 元且工资系数低于 1.5 的数据记录； （3）汇总各车间的工资合计与平均工资数据
素材位置	配套资源：\素材文件\第 3 章\综合实训\员工加班工资 02.xlsx
效果位置	配套资源：\效果文件\第 3 章\综合实训\员工加班工资 02.xlsx
参考效果	

	工号	姓名	车间	第1周加班工时/时	第2周加班工时/时	第3周加班工时/时	第4周加班工时/时	工资系数	工时工资/元	工资合计/元	排名
2	FY001	张敏	第1车间	2	1	0	2	1	300.00	1500.00	24
3	FY002	宋子丹	第1车间	0	2	2	4	1	300.00	2400.00	17
4	FY005	郭建军	第1车间	0	3	3	0	1.5	300.00	2700.00	14
5	FY009	陈子豪	第1车间	4	3	0	1	1.5	300.00	3600.00	9
6	FY010	蒋科	第1车间	0	0	4	3	1.5	300.00	3150.00	12
7			第1车间 平均值							2670.00	
8			第1车间 汇总							13350.00	
9	FY006	邓荣芳	第2车间	1	0	2	4	1	300.00	2100.00	20
10	FY008	黄俊	第2车间	1	4	0	1	1.2	300.00	2160.00	19
11	FY011	万涛	第2车间	4	3	1	4	1.2	300.00	4320.00	7
12	FY013	李雪莹	第2车间	4	0	0	0	1.2	300.00	1440.00	26
13	FY018	宋健	第2车间	1	3	0	3	2	300.00	4200.00	8
14	FY020	陈芳	第2车间	2	2	1	1	2	300.00	2400.00	17
15			第2车间 平均值							2770.00	
16			第2车间 汇总							16620.00	
17	FY007	孙莉	第3车间	1	0	1	1	1.8	300.00	1620.00	22
18	FY012	李强	第3车间	2	2	2	0	1.8	300.00	3240.00	10
19	FY016	王彤彤	第3车间	3	3	0	4	1.8	300.00	5400.00	4
20	FY019	顾晓华	第3车间	1	4	1	1	1.2	300.00	2520.00	16
21			第3车间 平均值							3195.00	
22			第3车间 汇总							12780.00	

本实训的操作提示如下。

STEP 01 打开"员工加班工资 02.xlsx"素材文件，建立多关键字排序，第 1 个排序依据为"排名"，排序方式为"升序"；第 2 个排序依据为"工资系数"，排序方式为"升序"；第 3 个排序依据为"工号"，排序方式为"升序"。

STEP 02 进入筛选状态，首先按条件筛选工资合计大于 2000 元的数据记录，在此基础上进一步筛选工资系数小于 1.5 的数据记录。

STEP 03 退出筛选状态，以车间为排序依据进行升序排序。然后分类汇总数据，

视频教学：
分析员工加班
工资数据

分类字段设置为"车间"，汇总方式设置为"求和"，汇总项指定为"工资合计/元"。

STEP 04 再次执行分类汇总操作，取消勾选对话框下方的"替换当前分类汇总"复选框，将汇总方式改为"平均值"。

3.7 课后练习

练习 1　借助通义计算商品销售数据

【操作要求】利用素材文件中提供的销售数据计算各商品的销售额、销售成本、毛利润和毛利率，然后统计所有商品的销售总额和销售总成本，并找出商品的最高销售额、最低销售额、最高销售成本以及最低销售成本。

【操作提示】登录通义官方网站，利用文本框左侧的按钮上传素材文件，并询问：根据表格数据，给出销售总额、销售总成本、最高销售额、最低销售额、最高销售成本和最低销售成本的计算公式。然后利用得到的内容完成计算，参考效果如图 3-80 所示。

【素材位置】配套资源：\素材文件\第 3 章\课后练习\商品销售数据.xlsx。

【效果位置】配套资源：\效果文件\第 3 章\课后练习\商品销售数据.xlsx。

图 3-80

练习 2　分析商品销售数据

【操作要求】使用排序和筛选功能分析各商品的销售额、销售成本、毛利润和毛利率等数据。

【操作提示】以销售额为排序依据降序排列数据，分析商品的销售额情况；以销售成本为排序依据降序排列数据，分析商品的销售成本情况；以毛利润为排序依据降序排列数据，分析商品的毛利润情况；

以毛利率为排序依据降序排列数据，分析商品的毛利率情况；筛选出销售额大于等于 1000000 元且销售成本低于 1000000 元的数据；清除实现结果，然后筛选出毛利率高于 55% 以及低于 40% 的数据，参考效果如图 3-81 所示。

【素材位置】配套资源：\素材文件\第 3 章\课后练习\商品销售数据 02.xlsx。

【效果位置】配套资源：\效果文件\第 3 章\课后练习\商品销售数据 02.xlsx。

名称	单价/元	销量/件	销售额/元	单位成本/元	销售成本/元	毛利润/元	毛利率
半身裙	460	3440	1582400	190	653600	928800	58.70%
T恤	210	4690	984900	80	375200	609700	61.90%
雪纺衫	410	4750	1947500	270	1282500	665000	34.15%
短裤	330	2550	841500	140	357000	484500	57.58%
正装裤	450	7270	3271500	190	1381300	1890200	57.78%
打底衫	110	5710	628100	70	399700	228400	36.36%
羊绒衫	160	4810	769600	100	481000	288600	37.50%
羽绒服	440	9080	3995200	280	2542400	1452800	36.36%
打底裤	380	1510	573800	130	196300	377500	65.79%

图 3-81

第 **4** 章 数据可视化

　　数据可视化指的是以图表或其他视觉元素的方式呈现数据内容，目的在于让使用者更好地理解和分析数据，帮助使用者发现数据内在的关系、趋势或预测未来发展情况等，从而做出正确的决策。Excel 具有强大的数据可视化功能，可实现数据可视化操作。

▌ 📖 学习要点

　◎　掌握图表的创建与美化。

　◎　熟悉图表的基本编辑操作。

　◎　熟悉数据透视表的创建与编辑。

　◎　熟悉数据透视图和切片器的创建。

　◎　熟悉使用 AIGC 工具创建并美化图表的操作。

▌ ◈ 素养目标

　◎　培养利用图表和图形表达信息的思维。

　◎　培养对数据的敏感性，以及善于发现数据的特征和规律的能力。

▌ ◈ 扫码阅读

案例欣赏

课前预习

4.1 创建图表

图表是 Excel 2019 中非常重要的可视化工具。它能够将数据以图形的形式展示出来，使需要传递的内容变得更加生动且易于理解。对企业来说，借助图表可以更好地发现数据之间的关系，从而做出准确的判断。

4.1.1 课堂案例 1——创建商品流量统计图表

【制作要求】将商品的流量数据用合适的图表展示出来。

【操作要点】创建商品访客数与浏览量的柱形图，以及商品收藏数、加购数与下单买家数的组合图，参考效果如图 4-1 所示。

【素材位置】配套资源：\素材文件\第 4 章\商品流量数据.xlsx。

【效果位置】配套资源：\效果文件\第 4 章\商品流量数据.xlsx。

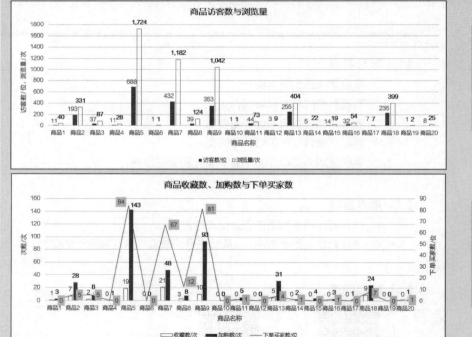

扫一扫：
高清彩图

扫一扫：
高清彩图

图 4-1

其具体操作如下。

STEP 01 打开"商品流量数据.xlsx"素材文件，选择 A1:C21 单元格区域，在【插入】/【图表】组中单击"插入柱形图或条形图"按钮 📊，在弹出的下拉列表中选择"二维柱形图"栏中的第 1 种图，如图 4-2 所示。

视频教学：
创建商品流量
统计图表

STEP 02 Excel 2019 将根据所选的数据源创建相应的柱形图，选择图表标题，拖曳鼠标选择文本，将内容修改为"商品访客数与浏览量"，如图 4-3 所示。

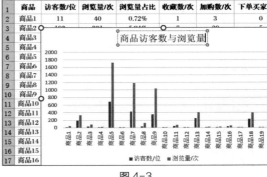

图 4-2　　　　　　　　　　　　　　　　图 4-3

STEP 03 双击图表左侧的纵坐标轴，打开"设置坐标轴格式"任务窗格，在"最大值"文本框中将原有的数据修改为"1800.0"，按【Enter】键确认修改，调整纵坐标轴刻度的最大值，如图 4-4 所示。

STEP 04 选择图表中任意蓝色的数据系列对象，此时将选择整组数据系列，在【图表工具 格式】/【形状样式】组中单击"形状填充"按钮 🎨 右侧的下拉按钮 ▾，在弹出的下拉列表中选择标准色"绿色"，调整数据系列的填充颜色，如图 4-5 所示。

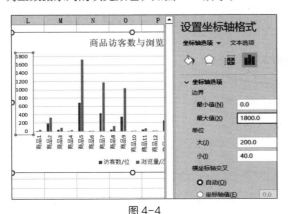

图 4-4　　　　　　　　　　　　　　　　

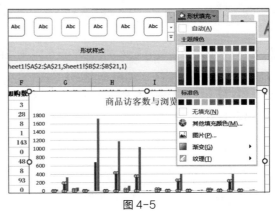

图 4-5

STEP 05 选择图表中任意橙色的数据系列对象，继续在【图表工具 格式】/【形状样式】组中单击"形状填充"按钮 🎨 右侧的下拉按钮 ▾，在弹出的下拉列表中选择"无填充"，如图 4-6 所示。

STEP 06 保持数据系列的选中状态，在"形状样式"组中单击"形状轮廓"按钮 ▱ 右侧的下拉按钮 ▾，在弹出的下拉列表中选择"绿色"。这样，通过对颜色的重新设置，将两组数据系列的外观效果进行了更具对比性的调整，如图 4-7 所示。

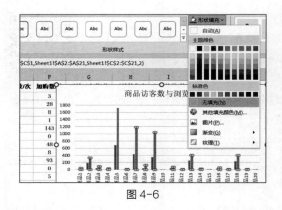
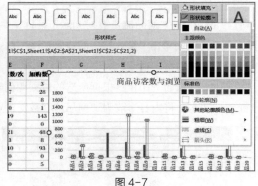

图 4-6　　　　　　　　　　　　　　　　　　图 4-7

STEP 07 单击图表标题左侧的空白区域选择整个图表，在【开始】/【字体】组的"字体"下拉列表中选择"方正兰亭纤黑简体"，调整整个图表文字的字体，如图 4-8 所示。

STEP 08 保持图表的选中状态，在【图表工具 图表设计】/【图表布局】组中单击"添加图表元素"按钮，在弹出的下拉列表中选择【数据标签】/【数据标签外】，如图 4-9 所示。

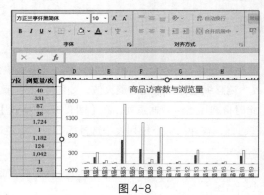
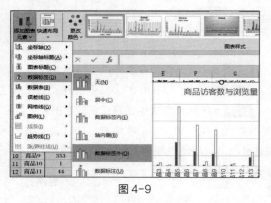

图 4-8　　　　　　　　　　　　　　　　　　图 4-9

STEP 09 单击任意无填充颜色数据系列对应的数据标签，选择该组所有数据标签，按【Ctrl+B】组合键加粗显示标签文本，如图 4-10 所示。

STEP 10 单击图表标题左侧的空白区域选择整个图表，在【图表工具 格式】/【大小】组中将高度和宽度分别设置为"10 厘米"和"25 厘米"，如图 4-11 所示。

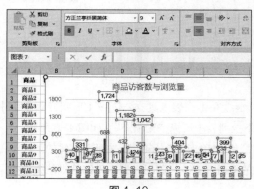
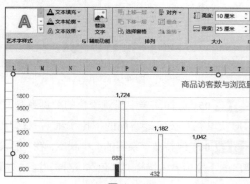

图 4-10　　　　　　　　　　　　　　　　　　图 4-11

STEP 11 选择填充色为绿色的一组数据标签，再次选择该组标签中左侧的标签，单独选择这一个标签对象，拖曳标签的边框移动标签位置，使标签更好地呈现在图表中，如图 4-12 所示。

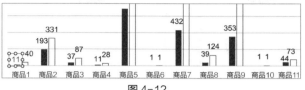

图 4-12

STEP 12 按相同方法调整其他位置相距过近的数据标签，效果如图 4-13 所示。

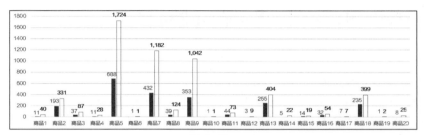

图 4-13

STEP 13 在【图表工具 图表设计】/【图表布局】组中单击"添加图表元素"按钮，在弹出的下拉列表中选择【坐标轴标题】/【主要横坐标轴】，选择添加的横坐标轴标题，将其修改为"商品名称"，如图 4-14 所示。

STEP 14 继续单击"添加图表元素"按钮，在弹出的下拉列表中选择【坐标轴标题】/【主要纵坐标轴】，由于这里涉及两种不同单位的数据系列，因此将纵坐标轴的标题修改为"访客数/位，浏览量/次"，如图 4-15 所示。

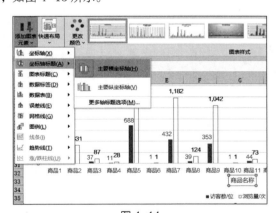

图 4-14

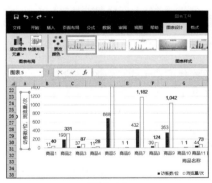

图 4-15

STEP 15 拖曳图表标题左侧或右侧的空白区域，将图表移至表格中空白的区域的合适位置，完成商品访客数与浏览量柱形图的创建，如图 4-16 所示。

　　由图可知，20 种商品中，商品 5 的访客数与浏览量都是最高的，是店铺中最具流量的商品，商品 7、商品 9、商品 13、商品 18 和商品 2 的访客数与浏览量相对较好，是增加店铺流量的主力商品，而其余商品的流量数据则较低。通过数据可视化这种手段，各商品的流量数据变得一目了然。

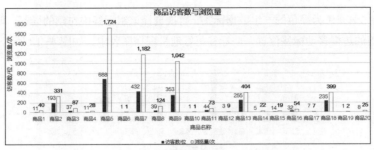

图 4-16

4.1.2 课堂案例 2——使用智谱清言创建折线图

【制作要求】使用智谱清言创建访客数折线图，并适当美化图表。

【操作要点】访问智谱清言官网，上传表格文件，请求智谱清言创建访客数折线图，然后根据生成结果，进一步请求智谱清言对图表做适当处理，参考效果如图 4-17 所示。

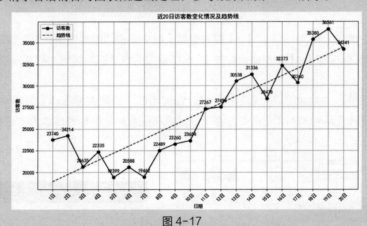

图 4-17

【素材位置】配套资源：\素材文件\第 4 章\访客数量.xlsx。

【效果位置】配套资源：\效果文件\第 4 章\访客数折线图.png。

其具体操作如下。

STEP 01 登录智谱清言官方网站，在页面左侧单击"数据分析"选项，如图 4-18 所示。

图 4-18

视频教学：
使用智谱清言
创建折线图

STEP 02 单击下方文本框中的"上传文件"按钮 ⤒，在弹出的下拉列表中选择"本地文件选择"，如图 4-19 所示。

STEP 03 打开"打开"对话框，选择"访客数量.xlsx"素材文件，单击 打开(O) 按钮，如图 4-20 所示。

图 4-19

图 4-20

STEP 04 继续在文本框中输入需求，这里要求智谱清言根据近 20 日的访客数创建折线图，以直观地显示访客数的变化情况，单击"提交"按钮 ➤ 或按【Enter】键，如图 4-21 所示。

STEP 05 智谱清言将加载文件内容并根据表格数据和要求生成相应的折线图，如图 4-22 所示。

图 4-21

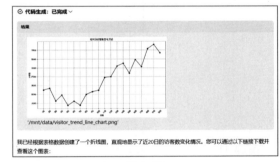

图 4-22

STEP 06 继续请求智谱清言在图表上显示数据标签，以提高图表的可读性，如图 4-23 所示。

STEP 07 智谱清言将按照要求，在折线图上的各个数据点处显示出相应的数据标签，如图 4-24 所示。

图 4-23

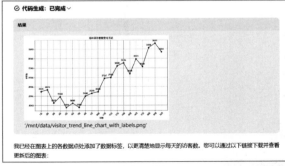

图 4-24

STEP 08 继续请求智谱清言创建一条趋势线，以更好地观察访客数的增减变化情况，如图 4-25 所示。

STEP 09 智谱清言将按照要求创建出相应的趋势线，如图 4-26 所示。

图 4-25

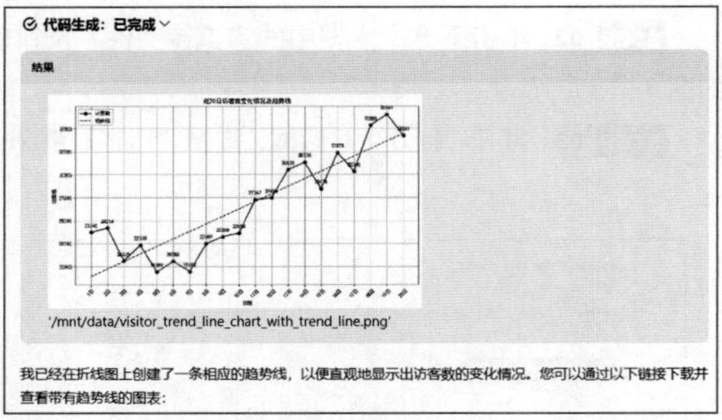

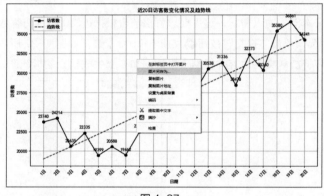

图 4-26

STEP 10 单击智谱清言提供的图片下载链接，此时将显示图片页面，在其上单击鼠标右键，在弹出的快捷菜单中选择"图片另存为"命令，如图 4-27 所示。

图 4-27

STEP 11 打开"另存为"对话框，将文件名设置为"访客数折线图.png"，单击 保存(S) 按钮完成操作，如图 4-28 所示。

图 4-28

4.1.3 图表的组成与类型

Excel 2019 中包含多种类型的图表，不同的图表有不同的组成元素。了解并熟悉 Excel 2019 的图表组成与类型，对更好地使用图表有极大的帮助。

1. 图表的组成

图表的组成因图表类型的不同而不同。以常见的二维簇状柱形图为例，其组成部分包括但不限于图表标题、图例、数据系列、数据标签、网格线、坐标轴、坐标轴标题等，如图 4-29 所示。

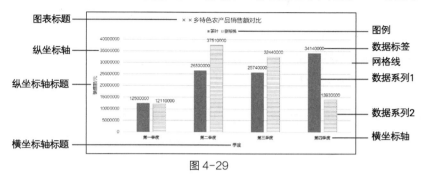

图 4-29

（1）图表标题

图表标题即图表名称，可以让使用者了解图表要反映的内容。因此，在命名图表标题时应当秉承简单易懂的原则。图表标题是创建图表时 Excel 2019 默认的组成部分，并不是图表必需的，一般位于图表上方。用户可以根据需要显示或删除图表标题。

（2）图例

图例的作用是显示数据系列所代表的内容。图 4-29 中包含两组数据系列。通过图例，人们可以清楚地知道纯色填充的数据系列代表茶叶的销售额，横线图案填充的数据系列代表猕猴桃的销售额。

当图表中仅存在一种数据系列，且图表标题表明了数据系列所表示的含义时，图例可以删除。如果存在多组数据系列时，图例则需要保留。

（3）数据系列

图表中的图形部分就是数据系列。它将工作表行或列中的数据显示为图形，是数据可视化的直观体现。数据系列中每组图形对应一组数据，呈现统一的样式。一张图表中可以同时存在多组数据系列，也可以仅有一组数据系列，但不能没有数据系列。

（4）数据标签

数据标签可以显示数据系列代表的具体数据。实际工作中，用户可根据需要选择是否显示或隐藏数据标签。当显示数据标签时，可以设置数据标签的显示位置和显示内容。

（5）网格线

网格线分为水平网格线和垂直网格线。每种网格线又有主要网格线和次要网格线之分，作用是更好地表现数据系列代表的数据大小。网格线不是图表必要的组成部分，可根据需要删除或添加。

（6）坐标轴

坐标轴分为横坐标轴和纵坐标轴，用于辅助显示数据系列的类别和大小。坐标轴可以删除，但一般都会保留在图表中，这会使图表数据更容易被理解。

（7）坐标轴标题

坐标轴标题分为横坐标轴标题和纵坐标轴标题。如果创建的是组合图，还可以添加主要坐标轴标题和次要坐标轴标题。对于图表而言，坐标轴标题是应当保留的组成部分。

2. 图表的类型

不同类型的图表有其独特的显示优势，只有了解各种类型的图表特点，才能更好地使用图表来可视化数据。Excel 2019 提供许多图表类型，其中较为常用的类型包括柱形图、条形图、折线图、面积图、饼图、散点图、雷达图和组合图等。

（1）柱形图

柱形图可以直观地显示数据之间的大小情况。当需要对比一组数据的大小时，可以选择柱形图来表现数据。除此以外，柱形图还能反映数据在一段时间内的变化情况。图 4-30 所示为各商品订单量对比柱形图。

（2）条形图

条形图与柱形图类似，可用于对比数据之间的大小情况。但与柱形图不同的是，柱形图是在水平方向上展示数据，条形图则是在垂直方向上展示数据。图 4-31 所示为各月采购量对比条形图。

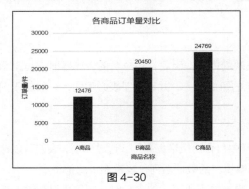

图 4-30

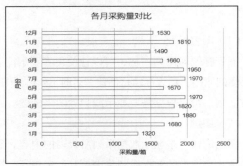

图 4-31

（3）折线图

折线图可以将同一系列的数据以点或线的形式表现，直观地显示数据的变化趋势。当需要分析数据在一定时期的变化情况时，可以选择折线图来表现数据。图 4-32 所示为商品库存成本变化情况折线图。

（4）面积图

面积图可以强调数据随时间而变化的程度，能够直观地显示数据的起伏变化，也能清晰呈现总值趋势的变化情况。当需要分析数据的变化且对比数据大小时，可以选择面积图来表现数据。图 4-33 所示为商品销量走势对比面积图。

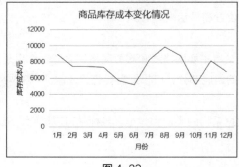

图 4-32

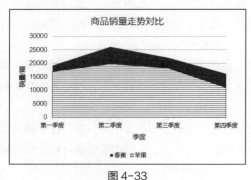

图 4-33

（5）饼图

饼图可以显示单个数据系列中各项数据的大小与各项数据总和的比较，能直观地显示各项数据的大小占总和的比例。当需要分析局部数据占整体数据的比例情况时，可以选择饼图来表现数据。图 4-34

所示为餐厅菜系数量占比饼图。

（6）散点图

散点图可以显示数据系列中各数值之间的关系，能将多组数据显示为 XY 坐标系的点值，并按不同的间距显示。当需要分析数据之间的关系时，可以选择散点图来表现数据。图 4-35 所示为推广费用与销售额的关系散点图。

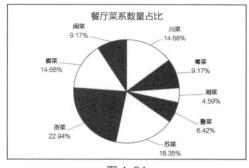

图 4-34

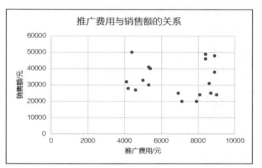

图 4-35

（7）雷达图

雷达图可以从同一点开始的轴上表示多个项目的数据大小，当需要分析多个数据指标的情况时，可以选择雷达图来表现数据。图 4-36 所示为商品维度评分雷达图。

（8）组合图

组合图即使用两种或两种以上类型的图表来展示数据的组合图表，不同类型的图表可以拥有共同的横坐标轴、不同的纵坐标轴。当两组或多组数据系列的数值大小差异过大时，可以选择组合图来更好地表现数据。图 4-37 所示为由柱形图和折线图组成的组合图。

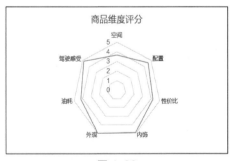

图 4-36

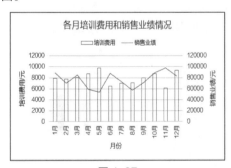

图 4-37

4.1.4　创建与美化图表

在 Excel 2019 中，用户可以轻松地使用图表来呈现和分析数据，而创建与美化图表是数据呈现与分析的基本操作和实现前提。

1．创建图表

在 Excel 2019 中创建图表，往往是将已有的数据作为数据源，然后选择合适的图表类型进行创建。其方法：选择图表的数据源所在的单元格区域，在【插入】/【图表】组中单击某种图表类型对应的按钮，在弹出的下拉列表中单击需要的图表选项。

如果单击"插入组合图"下拉按钮 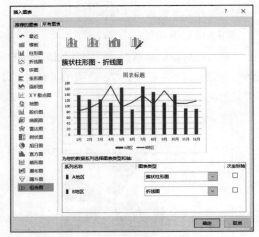，并在弹出的下拉列表中选择"创建自定义组合图"，则将打开"插入图表"对话框，在"图表类型"栏的下拉列表中可指定各数据系列的显示类型，在"次坐标轴"栏下可以勾选某个复选框，代表将该数据系列定位成图表的次坐标轴，完成设置后单击 确定 按钮，如图 4-38 所示。

图 4-38

2. 调整图表大小和位置

图表的大小和位置可以根据表格内容进行调整。调整图表大小的方法：选择图表，拖曳图表边框上的白色控制点进行调整，如图 4-39 所示。如果要精确调整图表大小，可在【图表工具 格式】/【大小】组中输入图表的高度和宽度值。

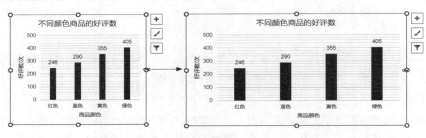

图 4-39

调整图表位置的方法：选择图表，将鼠标指针移至图表的空白区域，如图表标题左右两侧的空白区域等，按住鼠标左键不放进行位置调整，如图 4-40 所示。

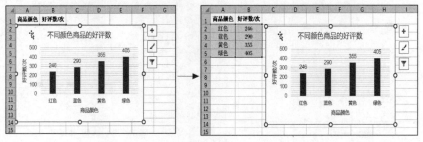

图 4-40

3. 应用图表样式

应用 Excel 2019 内置的图表样式可以达到快速美化图表的目的。其方法：选择创建的图表对象，在【图表工具 图表设计】/【图表样式】组的"快速样式"下拉列表中选择所需的样式，如图 4-41 所示。

4. 调整图表布局

调整图表布局是指对图表的组成部分进行设置，如调整组成部分的位置、大小，显示或隐藏某些组成部分等。若想快速实现对图表布局的调整操作，可利用 Excel 2019 提供的快速布局功能来实现。其方法：选择创建的图表对象，在【图表工具 图表设计】/【图表布局】组中单击"快速布局"按钮，在弹出的下拉列表中选择所需的布局，如图 4-42 所示。

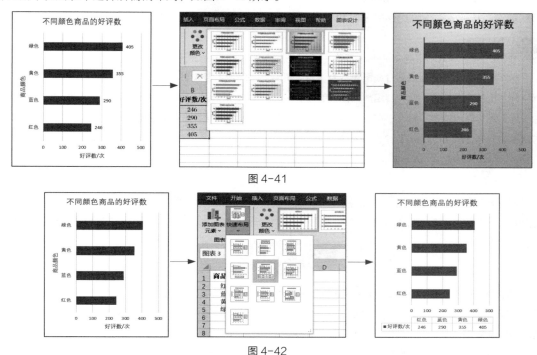

图 4-41

图 4-42

如果要手动调整图表布局，则可在【图表工具　图表设计】/【图表布局】组中单击"添加图表元素"按钮，在弹出的下拉列表中选择需要添加或隐藏的图表组成部分，然后在弹出的子列表中单击所需的选项。例如，选择【图表标题】/【无】，可将图表标题隐藏，若选择【图表标题】/【图表上方】，可使图表标题显示在图表上方，如图 4-43 所示。

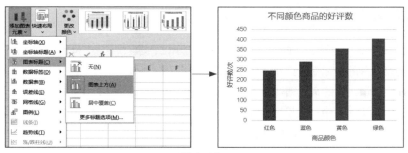

图 4-43

> **知识拓展**
>
> 在图表中选择某组成部分，拖曳其边框可调整该组成部分的位置；拖曳边框上的控制点可调整该组成部分的大小；按【Delete】键可将该组成部分删除。另外，选择图表，在【图表工具　图表设计】/【类型】组中单击"更改图表类型"按钮，打开"更改图表类型"对话框，在其中可更改图表类型。

5. 设置图表格式

设置图表格式，主要设置的是图表组成部分的格式。其方法：选择需要设置格式的组成部分，在【图

表工具 格式】/【形状样式】组的"快速样式"下拉列表中应用某种内置的样式效果，或者是通过单击"形状填充"按钮 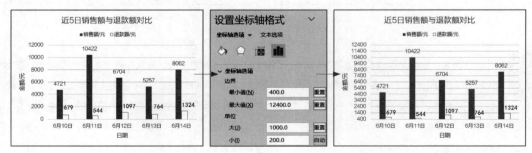 右侧的下拉按钮 ⌄ 和"形状轮廓"按钮 右侧的下拉按钮 ⌄，然后进行设置。

> **提示**
>
> 删除图表中的某些组成部分或图表本身，均可使用【Delete】键实现。例如，要删除数据标签，可选择数据系列对应的数据标签，此时整组数据标签都处于被选中状态，按【Delete】键可快速将其删除。如果只需删除一组数据标签中的某个标签，可在选中该组数据标签的状态下再次单击需要删除的标签对象，使其处于单独被选中的状态，按【Delete】键即可删除。

6. 设置图表字体

设置图表字体，选择整个图表，将统一设置图表中各组成部分的字体；选择某个组成部分，则只设置该组成部分的字体。无论哪种操作，都只需选择需要设置的对象，然后在【开始】/【字体】组中进行设置。

> **行业知识**
>
> 美化图表的最终目的是提高图表的易读性和表现力，增强图表的吸引力和影响力。因此，用户在美化图表时不能仅凭个人喜好对图表进行美化设置，而应当遵循一定的原则，这样才能达到美化图表的目的。基本的美化图表原则主要如下。
>
> （1）美化图表时应使图表呈现简洁干净的效果，只包含必要的信息，避免图表过于复杂。
>
> （2）使用颜色时应确保颜色对比度高，避免使用太过刺眼或不清晰的颜色，颜色的数量应较少。
>
> （3）设置字体时应选择清晰易读的字体，确保文字大小适中，不要使字体过小或过大而影响阅读。

4.1.5 设置坐标轴

坐标轴中可以设置的内容较多，如坐标轴的边界、刻度单位、刻度线、标签位置，以及标签的数据类型等。其方法：双击需要设置的坐标轴，打开"设置坐标轴格式"任务窗格，在其中进行设置即可。

其中，展开任务窗格中的"坐标轴选项"选项，在"坐标轴选项"栏中，在"边界"栏的"最小值"文本框和"最大值"文本框中可以设置坐标轴数值的范围；在"单位"栏的"大"文本框和"小"文本框中可以设置坐标轴上所显示数据的间隔，如图 4-44 所示。

图 4-44

受限于图表的高度，坐标轴上一般仅显示"大"的刻度单位，"小"的刻度单位可以通过添加次要网格线来体现，网格线的间隔对应的便是"小"的刻度单位。

4.1.6　设置数据标签

数据标签可以显示数据系列的大小、占比等。其显示的内容可以根据需要进行设置。其方法：双击数据标签，打开"设置数据标签格式"任务窗格，展开"标签选项"选项，在"标签选项"栏中可以设置数据标签的内容；在"数字"栏中可以设置数据标签的数据类型，如图 4-45 所示。

图 4-45

使用数据透视表和数据透视图

数据透视表和数据透视图可以创建交互数据和可视化数据，利用表格中现有的项目字段便可创建各种表格和图表，极大地简化数据的分析工作。

4.2.1　课堂案例——创建客户分布特征数据透视表和透视图

【制作要求】在 Excel 2019 中利用数据透视表和数据透视图统计客户分布特征，包括客户的性别占比、职业占比、发质占比，以及客户的年龄分布、月美发频率分布、充值金额分布和已消费金额分布等特征。

【操作要点】创建数据透视表并设置字段和数据，然后在数据透视表的基础上创建相应的数据透视图对数据进行可视化，参考效果如图 4-46 所示。

【素材位置】配套资源：\素材文件\第 4 章\客户分布特征.xlsx。

【效果位置】配套资源：\效果文件\第 4 章\客户分布特征.xlsx。

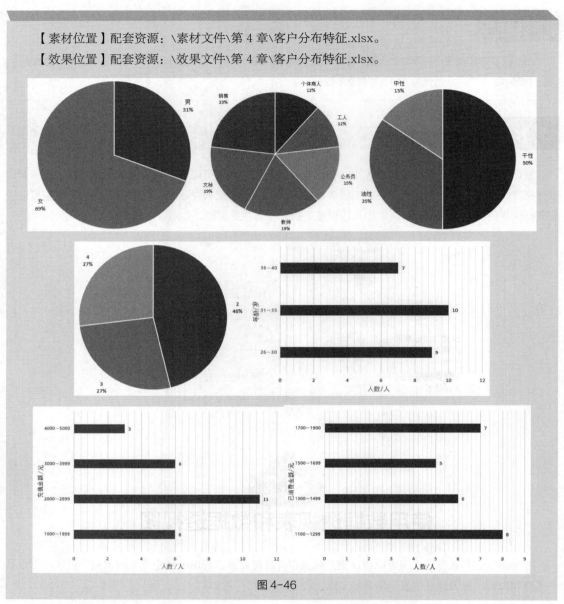

图 4-46

其具体操作如下。

STEP 01 打开"客户分布特征.xlsx"素材文件，选择任意包含数据的单元格，在【插入】/【表格】组中单击"数据透视表"按钮，打开"来自表格或区域的数据透视表"对话框，这里 Excel 2019 在"表/区域"文本框中自动引用了 A1:H27 单元格区域的地址，且默认单击选中"新工作表"单选项，直接单击 确定 按钮，如图 4-47 所示。

STEP 02 Excel 2019 将自动新建"Sheet2"工作表，其中创建了一个空白的数据透视表，在自动显示的"数据透视表字段"任务窗格中将"性别"字段拖曳至"行"列表中，将"客户姓名"字段拖曳至"值"

视频教学：
创建客户分布特征数据透视表和透视图

扫一扫：
高清彩图

列表中。此时，数据透视表中将同步统计出男性客户与女性客户的人数以及客户总人数，如图 4-48 所示。

图 4-47

图 4-48

STEP 03 在数据透视表中单击任意包含数据的单元格，在【数据透视表工具 数据透视表分析】/【工具】组中单击"数据透视图"按钮，在打开的对话框左侧选择"饼图"，单击 确定 按钮，如图 4-49 所示。

STEP 04 Excel 2019 将以数据透视表中的数据为数据源创建数据透视图，删除图表中的图表标题和图例，在【数据透视图工具 设计】/【图表布局】组中单击"添加图表元素"按钮，在弹出的下拉列表中选择【数据标签】/【数据标签外】，如图 4-50 所示。

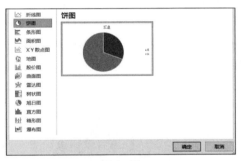

图 4-49

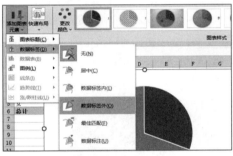

图 4-50

STEP 05 双击添加的数据标签，打开"设置数据标签格式"任务窗格，展开"标签选项"选项，在"标签选项"栏下的"标签包括"栏中勾选"类别名称"复选框、"百分比"复选框和"显示引导线"复选框，如图 4-51 所示。

STEP 06 调整图表大小和位置至合适，如图 4-52 所示。由图可知，该店铺客户的性别分布特征：女性客户占比为 69%、男性客户占比为 31%。

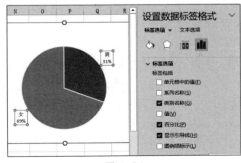

图 4-51

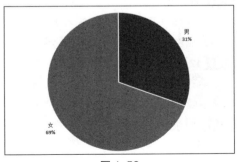

图 4-52

STEP 07 保持数据透视图的选中状态，在"数据透视图字段"任务窗格下方的"轴（类别）"列表中将"性别"字段拖曳至任务窗格以外的区域，删除该字段，然后重新将任务窗格上方的"职业"字段添加到"轴（类别）"列表中，如图 4-53 所示。

STEP 08 此时数据透视图中的内容将同步发生变化，如图 4-54 所示。由图可知，该店铺客户的职业主要包括工人、公务员、教师、文秘、销售和个体商人，其中销售的占比最高，其次是文秘和教师。

图 4-53

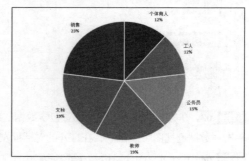

图 4-54

STEP 09 按相同方法将任务窗格中的"职业"字段调整为"发质"字段，得到发质的分布特征占比图，如图 4-55 所示。由图可知，该店铺客户的发质以干性为主，这类发质的客户占比达到了 50%。油性发质的客户占比为 35%，中性发质的客户占比为 15%。

STEP 10 继续将任务窗格中的"发质"字段调整为"月美发频率/次"字段，得到客户每月美发频率的分布特征占比图，如图 4-56 所示。由图可知，该店铺客户的月美发频率多为 2 次，占比为 46%，月美发频率为 3 次和 4 次的客户占比均为 27%。

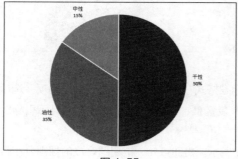

图 4-55

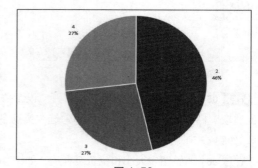

图 4-56

STEP 11 在新工作表中创建数据透视表，分析店铺客户的年龄、充值金额和已消费金额的分布特征。切换至"Sheet1"工作表，在【插入】/【表格】组中单击"数据透视表"按钮，打开"来自表格或区域的数据透视表"对话框，直接单击 确定 按钮。

STEP 12 Excel 2019 将自动新建"Sheet3"工作表，在自动显示的"数据透视表字段"任务窗格中将"年龄"字段拖曳至"行"列表中，执行相同的操作，再次将"年龄"字段拖曳至"值"列表中，并单击该字段下拉按钮，在弹出的下拉列表中选择"值字段设置"，如图 4-57 所示。

STEP 13 打开"值字段设置"对话框，在"计算类型"列表中选择"计数"，单击 确定 按钮，如图 4-58 所示。

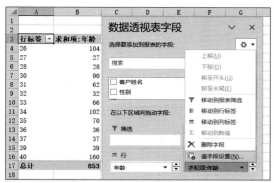

图 4-57

图 4-58

STEP 14 在"行标签"项目下任意包含年龄数据的单元格上单击鼠标右键，在弹出的快捷菜单中选择"组合"命令，如图 4-59 所示。

STEP 15 打开"组合"对话框，默认起始值和终止值，将"步长"文本框中的数值修改为"5"，单击 确定 按钮，如图 4-60 所示。

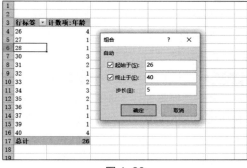

图 4-59

图 4-60

STEP 16 此时数据透视表将根据设置的数据自动进行年龄分段，并统计每个年龄段的客户人数，如图 4-61 所示。

STEP 17 在当前数据透视表的基础上创建数据透视图，类型为条形图，删除图表标题和图例，添加数据标签和坐标轴标题，分别将横坐标轴标题和纵坐标轴标题修改为"人数/人"和"年龄/岁"，并调整图表尺寸至合适，如图 4-62 所示。

由图可知，该店铺客户的年龄总体在 26~40 岁，其中 26~30 岁的客户人数有 9 人，31~35 岁的客户人数有 10 人，36~40 岁的客户人数有 7 人。

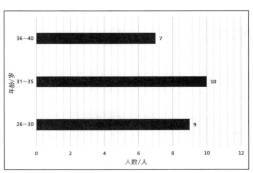

图 4-61

图 4-62

STEP 18 在数据透视表的"行标签"项目下的任意分段数据上单击鼠标右键，在弹出的快捷菜单中选择"取消组合"命令，如图 4-63 所示。

STEP 19 删除任务窗格中"轴（类别）"列表和"值"列表中的两个字段，重新将"充值金额/元"字段添加到这两个字段中，并将"值"列表中该字段的计算方式修改为"计数"，如图 4-64 所示。

图 4-63

图 4-64

STEP 20 在"行标签"项目下任意包含充值金额数据的单元格上单击鼠标右键，在弹出的快捷菜单中选择"组合"命令，打开"组合"对话框，在"起始于"文本框中将数值修改为"1000"，在"终止于"文本框中将数值修改为"5000"，在"步长"文本框中将数值修改为"1000"，单击 确定 按钮，如图 4-65 所示。

STEP 21 此时数据透视表将根据设置的数据自动进行充值金额分段，并统计每个金额段的客户人数，同时数据透视图将发生同步变化，再将纵坐标轴标题修改为"充值金额/元"，如图 4-66 所示。

由图可知，该店铺客户充值金额多集中在 2000~2999 元，人数达到 11 人，充值金额在 4000~5000 元的人数最少，仅有 3 人。

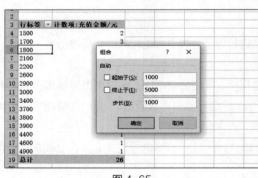
图 4-65

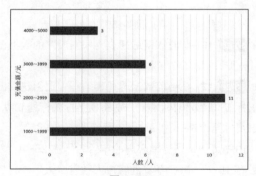
图 4-66

STEP 22 按相同方法取消行标签数据的组合状态，将任务窗格中的当前字段删除，重新添加"已消费金额/元"字段，并将字段的计算方式设置为"计数"。在"行标签"项目下任意包含已消费金额数据的单元格上单击鼠标右键，在弹出的快捷菜单中选择"组合"命令，打开"组合"对话框，在"起始于"文本框中将数值修改为"1100"，在"终止于"文本框中将数值修改为"1900"，在"步长"文本框中将数值修改为"200"，单击 确定 按钮，如图 4-67 所示。

STEP 23 此时数据透视表将根据设置的数据自动进行已消费金额分段，并统计每个已消费金额段的客户人数，同时数据透视图将发生同步变化，再将纵坐标轴标题修改为"已消费金额/元"，如图 4-68 所示。

由图可知，该店铺客户已消费金额的分段人数较为平均，最多为 1100~1299 元，人数为 8 人；已消费金额在 1500~1699 元的人数最少，但也有 5 人。

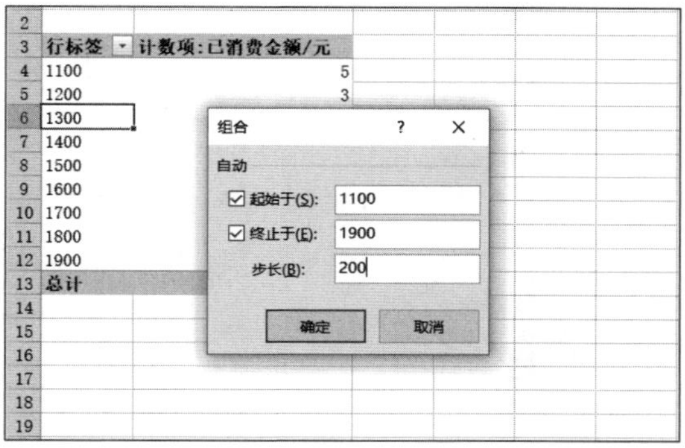

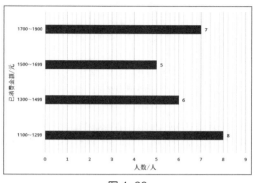

图 4-67

图 4-68

4.2.2 创建数据透视表

数据透视表是一种数据分析工具，通常用于汇总和分析大量数据。该工具有较强的灵活性和交互性，不仅能够根据字段同步更新表格内容，还能够根据用户需要随时调整汇总方式。创建数据透视表的方法：选择数据源所在的单元格区域，在【插入】/【表格】组中单击"数据透视表"按钮，打开"来自表格或区域的数据透视表"对话框，"表/区域"文本框中一般会自动引用数据源所在的单元格区域，如果创建前未选择数据源所在的单元格区域，这里则需要手动引用数据源区域。在"选择放置数据透视表的位置"栏中可指定数据透视表的位置，单击选中"新工作表"单选项表示在新工作表中创建，单击选中"现有工作表"单选项，并在下方的文本框中引用某个单元格地址，表示在当前工作表中该单元格的位置创建数据透视表，单击 **确定** 按钮创建空白数据透视表，继续在"数据透视表字段"任务窗格中将所需字段拖曳至下方相应的列表中可完成数据透视表的创建操作，如图 4-69 所示。

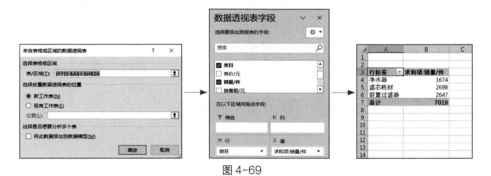

图 4-69

4.2.3 添加与删除字段

数据透视表的内容与字段相关，在"数据透视表字段"任务窗格中可以根据需要随时添加或删除字段，从而控制数据透视表显示的内容。其方法：将字段拖曳至任务窗格下方的列表中可添加字段；将已添加的字段拖曳至任务窗格以外的区域，或取消选中任务窗格上方该字段对应的复选框，或单击该字段下拉按钮 ▼，在弹出的下拉列表中选择"删除字段"，可删除字段，如图 4-70 所示。

图 4-70

4.2.4 设置字段

添加到数据透视表中的字段是可以根据需要进行设置的，其方法：单击添加到列表中的某个字段对应的下拉按钮 ▼，在弹出的下拉列表中选择"字段设置"或"值字段设置"。其中，在"筛选"列表、"列"列表和"行"列表中设置字段，须选择"字段设置"，在打开的"字段设置"对话框中可设置字段的分类汇总和筛选方式，如图 4-71 所示；在"值"列表中设置字段，须选择"值字段设置"，在打开的"值字段设置"对话框中可设置字段的值汇总方式和值显示方式，如图 4-72 所示。

图 4-71

图 4-72

4.2.5 创建数据透视图

数据透视图可以直接创建，也可以在数据透视表的基础上创建。直接创建数据透视图的方法：选择数据源所在的单元格区域，在【插入】/【图表】组中单击"数据透视图"按钮 📊，打开"创建数据透视图"对话框，按创建数据透视表的方法设置数据透视图的数据源和创建位置，单击 确定 按钮，然后在"数据透视图字段"任务窗格中将字段拖曳至下方相应的列表中，可创建类型为柱形图的数据透视图，同时创建相应的数据透视表，如图 4-73 所示。

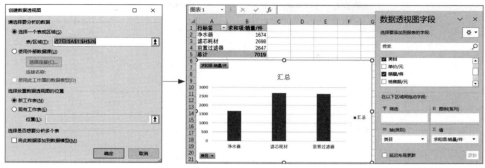

图 4-73

在数据透视表的基础上创建数据透视图的方法：选择数据透视表中任意包含数据的单元格，在【数据透视表工具　数据透视表分析】/【工具】组中单击"数据透视图"按钮■，在打开的对话框中选择所选的图表类型，单击[　确定　]按钮，如图 4-74 所示。

图 4-74

4.2.6　插入切片器

切片器也是一种交互工具。它可以按需筛选数据透视表或数据透视图中的数据，方便用户查看数据情况。以数据透视图为例，插入切片器的方法：选择数据透视图，在【数据透视图工具　数据透视图分析】/【筛选】组中单击"插入切片器"按钮■，打开"插入切片器"对话框，在其中勾选字段对应的复选框，单击[　确定　]按钮后，在切片器中选择相应的选项，数据透视图中将同步筛选出对应数据的可视化效果，如图 4-75 所示。

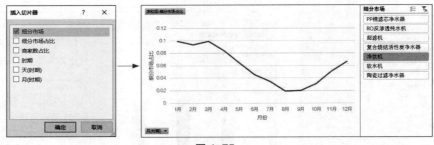

图 4-75

4.3 综合实训

4.3.1 创建市场交易趋势图

市场交易趋势可以反映某市场交易数据在不同时间段的情况，可以帮助企业更好地把握市场交易的淡旺季，从而在旺季和淡季到来之前做好相应的准备工作，更好地应对市场变化。表 4-1 所示为本次实训的任务单。

表 4-1 创建市场交易趋势图的任务单

实训背景	某企业经营各类体育用品，为更好地应对体育用品市场的变化，现需要利用获取到的各市场交易额数据制作市场交易趋势图，从而清晰直观地了解不同市场的交易变化情况
操作要求	（1）折线图的内容应当简洁美观； （2）折线图能够直观地反映不同市场的交易变化趋势
操作思路	（1）利用现有数据创建折线图，并通过增加数据和修改图表数据简化图表内容； （2）修改并增加图表组成部分，通过辅助信息展现图表需要表达的信息
素材位置	配套资源：\素材文件\第 4 章\综合实训\市场交易数据.xlsx
效果位置	配套资源：\效果文件\第 4 章\综合实训\市场交易数据.xlsx
参考效果	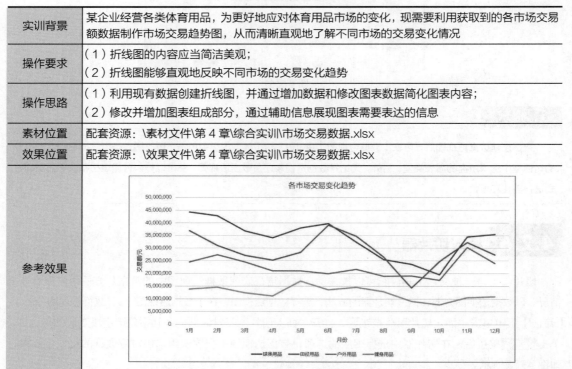

本实训的操作提示如下。

STEP 01 打开"市场交易数据.xlsx"素材文件，以当前所有数据为数据源创建折线图。

STEP 02 在 B6:M6 单元格区域中填充输入 1~12 月的数据。该数据用来替换图表横坐标轴的标签，以便简化图表内容。

STEP 03 选择图表，利用"选择数据"按钮 将水平轴标签替换为
B6:M6 单元格区域中的数据。

STEP 04 修改图表标题，添加横坐标轴标题和纵坐标轴标题，并修改内容。

STEP 05 设置整个图表中文字的字体格式，然后调整图表尺寸至合适。

扫一扫：
高清彩图

视频教学：
创建市场交易
趋势图

4.3.2　设置市场交易趋势图

在上个实训的基础上，本次实训将对创建的市场交易趋势图进一步设置，目的是更好地了解各市场的交易变化趋势。表 4-2 所示为本次实训的任务单。

表 4-2　设置市场交易趋势图的任务单

实训背景	企业考虑到会议中如果需要讨论市场的交易趋势变化，可能会将表格打印输出，如果采用黑白打印，那么各趋势线的外观需要有所区别才便于识别。另外，为强化变化趋势和各市场交易额的高峰与低谷，也需要进一步设置图表
操作要求	（1）使不同市场对应的交易变化折线更便于识别； （2）增强变化趋势的程度； （3）将每个市场的交易额最大值和最小值标记出来
操作思路	（1）调整各条折线的粗细和虚线样式； （2）设置纵坐标轴的最大值和最小值； （3）添加数据标签，保留各数据系列对应的数据标签的最大值和最小值
素材位置	配套资源:\素材文件\第 4 章\综合实训\市场交易数据 02.xlsx
效果位置	配套资源:\效果文件\第 4 章\综合实训\市场交易数据 02.xlsx
参考效果	

本实训的操作提示如下。

STEP 01 打开"市场交易数据 02.xlsx"素材文件，依次将图表中各数据系列的粗细设置为"1 磅"，然后依次将橙色、灰色和黄色折线的虚线样式设置为"圆点""短画线"和"长画线-点-点"样式。

STEP 02 双击纵坐标轴，在打开的"设置坐标轴格式"任务窗格中，将坐标轴边界的最小值和最大值分别设置为"5000000"和"45000000"。

STEP 03 为球类用品数据系列添加数据标签，依次删除除最大值和最小值对应的标签以外的其他标签，然后为剩余的标签添加浅蓝色底纹。

STEP 04 按相同方法为其他数据系列添加数据标签，保留最大值和最小值对应的标签，并为标签添加与该数据系列颜色对应的浅色底纹。

扫一扫：
高清彩图

视频教学：
设置市场交易
趋势图

4.3.3 使用智谱清言创建交易额占比图

市场交易占比可以反映不同市场交易数据的大小，可以体现不同市场的活跃程度和受用户青睐的程度，进而可以帮助企业更好地制订市场经营策略。表 4-3 所示为本次实训的任务单。

表 4-3　使用智谱清言创建交易额占比图的任务单

实训背景	某企业经营各类体育用品，为更有针对性地制订不同的市场经营策略，现需要借助智谱清言制作交易额占比图，直观地反映不同市场的交易额大小
操作要求	（1）饼图内容应当简洁直观； （2）饼图能够清晰反映不同市场的交易额大小
操作思路	（1）上传文件到智谱清言，要求智谱清言根据特定的表格数据创建 12 月交易额占比图； （2）适当美化图表，以达到简洁直观的效果
素材位置	配套资源：\素材文件\第 4 章\综合实训\市场交易数据 03.xlsx
效果位置	配套资源：\效果文件\第 4 章\综合实训\交易额占比图.png
参考效果	 球类用品 36.3%　健身用品 11.1%　户外用品 24.6%　田径用品 28.0%

本实训的操作提示如下。

STEP 01 登录智谱清言官方网站，上传"市场交易数据 03.xlsx"文件。

STEP 02 请求智谱清言根据表格数据，创建饼图，展示 12 月各类市场的交易额占比。

STEP 03 根据创建的饼图效果，要求智谱清言调整各扇区的颜色。

STEP 04 利用智谱清言提供的图片下载链接将图片保存为"交易额占比图.png"。

视频教学：
使用智谱清言创建
交易额占比图

4.4
课后练习——创建客户评价数据透视图

【操作要求】利用表格中的数据统计不同性别客户对商品的尺寸、材质、颜色和功能的平均评分对比图；然后统计不同年龄段的客户对商品这些属性的评价评分对比图。

【操作提示】创建数据透视表，添加相应字段到数据透视表中，将 4 种评分字段的计算方式设置为"平均值"，然后创建数据透视图并对图表进行适当美化。将"性别"字段调整为"年龄/岁"字段，对"年龄/岁"字段进行分组，步长为"5"，参考效果如图 4-76 所示。

【素材位置】配套资源：\素材文件\第 4 章\课后练习\客户评价数据.xlsx。

【效果位置】配套资源：\效果文件\第 4 章\课后练习\客户评价数据.xlsx。

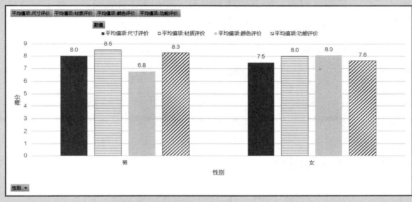

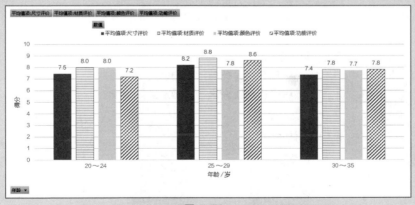

图 4-76

第 **5** 章 数据的进阶分析

数据分析的需求因行业领域而异，如科研数据的误差分析、抽样调查数据的统计分析、多指标间的相关分析等。尽管这些分析需求专业且复杂，但利用 Excel 提供的数据分析工具库就能轻松应对。除此以外，Excel 还具有预测数据的功能，并能结合目前流行的 AIGC 工具实现数据的智能处理与分析。

📖 **学习要点**

◎ 掌握 Excel 数据分析工具的应用。

◎ 熟悉模拟分析与预测数据的方法。

◎ 熟悉 ChatExcel 和 Excel AI 的使用方法。

◈ **素养目标**

◎ 深化数据分析与预测的思维层次。

◎ 积极拥抱新兴事物，激发创新思维。

▧ **扫码阅读**

案例欣赏　　　　　　　课前预习

5.1 使用数据分析工具

利用 Excel 2019 的数据分析工具可以完成各种专业的数据分析工作。该工具并没有显示在 Excel 2019 默认的功能选项卡中，使用时用户需要将分析工具库加载到功能区中，然后在【数据】/【分析】组中利用"数据分析"按钮 📇 来选择所需的分析工具。

5.1.1 课堂案例——借助 ChatExcel 分析店铺访客数与支付转化率

【制作要求】分析店铺近 17 天的访客数情况，然后找出访客数与支付转化率之间的关系。

【操作要点】首先使用 ChatExcel 对访客数的情况进行总体分析，然后使用描述统计工具分析访客数，并使用相关系数工具分析访客数与支付转化率的关系，参考效果如图 5-1 所示。

【素材位置】配套资源：\素材文件\第 5 章\访客数与支付转化率.xlsx。

【效果位置】配套资源：\效果文件\第 5 章\访客数与支付转化率.xlsx。

日期	访客数/位	支付转化率		统计分析				访客数/位	支付转化率
5月14日	100000	11.00%					访客数/位	1	
5月15日	6000	10.20%		平均	20870.58824		支付转化率	0.527159123	1
5月16日	5000	10.00%		标准误差	8046.819634				
5月17日	5800	9.80%		中位数	6100				
5月18日	6400	9.70%		众数	6000				
5月19日	6000	9.90%		标准差	33177.8873				
5月20日	5900	10.10%		方差	1100772206				
5月21日	6500	10.00%		峰度	1.97584234				
5月22日	90000	10.00%		偏度	1.914083192				
5月23日	6000	9.60%		区域	95000				
5月24日	6100	9.80%		最小值	5000				
5月25日	5600	10.20%		最大值	100000				
5月26日	6400	10.80%		求和	354800				
5月27日	7000	9.20%		观测数	17				
5月28日	5400	9.90%		最大(1)	100000				
5月29日	6700	10.00%		最小(1)	5000				
5月30日	80000	10.50%		置信度(95.0%)	17058.49558				

图 5-1

其具体操作如下。

STEP 01 访问 ChatExcel 官方网站，注册账号并登录，然后单击 立即使用 → 按钮，如图 5-2 所示。

仅通过聊天来 操控您的Excel表格

你来说，ChatExcel来做

立即使用 →

♥ 全球2000W+用户的选择

图 5-2

视频教学：
借助 ChatExcel
分析店铺访客数
与支付转化率

STEP 02 单击页面右上方的"上传文件"按钮☁，如图 5-3 所示。

图 5-3

STEP 03 打开"打开"对话框，选择"访客数与支付转化率.xlsx"素材文件，单击 [打开(O)] 按钮，如图 5-4 所示。

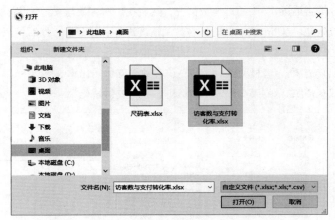

图 5-4

STEP 04 ChatExcel 将加载上传的表格数据，并显示预览效果，如图 5-5 所示。

	A	B	C	D	E	F	G	H	I
1	日期	访客数/位	支付转化率						
2	5月14日	100000	11.00%						
3	5月15日	6000	10.20%						
4	5月16日	5000	10.00%						
5	5月17日	5800	9.80%						
6	5月18日	6400	9.70%						
7	5月19日	6000	9.90%						
8	5月20日	5900	10.10%						
9	5月21日	6500	10.00%						
10	5月22日	90000	10.00%						
11	5月23日	6000	9.60%						
12	5月24日	6100	9.80%						
13	5月25日	5600	10.20%						
14	5月26日	6400	10.30%						
15	5月27日	7000	9.20%						
16	5月28日	5400	9.90%						
17	5月29日	6700	10.00%						
18	5月30日	80000	10.50%						

图 5-5

STEP 05 在页面右下方的文本框中输入需求，这里请求 ChatExcel 分析这段时期内访客数的整体情况，单击"提交"按钮 ⊘ 或按【Enter】键，如图 5-6 所示。

图 5-6

STEP 06 ChatExcel 将开始分析数据，稍后会将分析结果显示在页面左侧，如图 5-7 所示。

图 5-7

STEP 07 下面使用 Excel 继续分析数据。打开"访客数与支付转化率.xlsx"素材文件，单击操作界面左上角的"文件"选项卡，选择左侧列表最下方的"选项"，如图 5-8 所示（如果操作界面无法完全显示列表的内容，下方将显示 [更多...] 按钮，单击该按钮，可在弹出的下拉列表中选择"选项"）。

STEP 08 在打开的"Excel 选项"对话框的左侧列表中选择"加载项"，在"管理"下拉列表中选择"Excel 加载项"，单击右侧 [转到(G)...] 按钮，如图 5-9 所示。

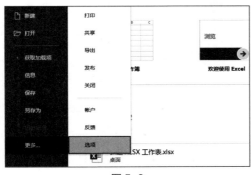

图 5-8

图 5-9

STEP 09 打开"加载项"对话框，在"可用加载宏"列表中勾选"分析工具库"复选框，单击 [确定] 按钮，如图 5-10 所示。

STEP 10 在【数据】/【分析】组中单击"数据分析"按钮 ⊞，打开"数据分析"对话框，在"分析工具"下拉列表中选择"描述统计"，单击 确定 按钮，如图 5-11 所示。

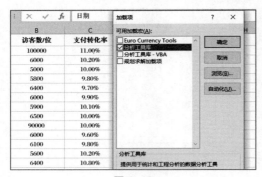

图 5-10

图 5-11

STEP 11 打开"描述统计"对话框，在"输入区域"文本框中引用 B2:B18 单元格区域的地址，单击选中"输出区域"单选项，在右侧的文本框中引用 E1 单元格的地址，然后勾选"汇总统计"复选框、"平均数置信度"复选框、"第 K 大值"复选框和"第 K 小值"复选框，最后单击 确定 按钮，如图 5-12 所示。

STEP 12 Excel 2019 将在当前工作表的 E1 单元格处显示统计描述结果，适当调整 E 列与 F 列单元格的列宽，然后将 E1:F18 单元格区域文字的字体格式设置为"方正宋三简体"，将 E3:E18 单元格区域的文字加粗，如图 5-13 所示。

由图可知，近 17 天店铺访客数的最大值为 100000，平均值约为 20870，二者的差距较大，无法判断访客数的实际情况。进一步查看店铺访客数的中位数和众数，这两个数值分别为 6100 和 6000，相差不大，说明店铺每日的访客数基本维持在 6000 左右，出现最大值为 100000 的情况，原因可以考虑为是否当日为促销日或活动日，导致访客数出现了大幅增长。

图 5-12　　　　　　　　　　　　　　图 5-13

STEP 13 在【数据】/【分析】组中单击"数据分析"按钮，打开"数据分析"对话框，在"分析工具"下拉列表中选择"相关系数"，单击 确定 按钮，如图 5-14 所示。

STEP 14 打开"相关系数"对话框，在"输入区域"文本框中引用 B1:C18 单元格区域的地址，勾选"标志位于第一行"复选框，然后单击选中"输出区域"单选项，在右侧的文本框中引用 H1 单元格的地址，单击 确定 按钮，如图 5-15 所示。

图 5-14　　　　　　　　　　　　　　　　　图 5-15

STEP 15 Excel 2019 将在当前工作表的 H1 单元格处显示统计描述结果，适当调整 H 列至 J 列单元格的列宽，然后将 H1:J3 单元格区域文字的字体格式设置为 "方正宋三简体"，将 H2:H3 单元格区域的文字加粗，如图 5-16 所示。

由图可知，访客数和支付转化率的相关系数约为 0.53，两者的关系为一般强度的正相关关系，即访客数越高，支付转化率越高；访客数越低，转化率越低。

	日期	访客数/位	支付转化率		统计分析				访客数/位	支付转化率
1										
2	5月14日	100000	11.00%					**访客数/位**	1	
3	5月15日	6000	10.20%	**平均**	20870.58824			**支付转化率**	0.527159123	1
4	5月16日	5000	10.00%	**标准误差**	8046.819634					
5	5月17日	5800	9.80%	**中位数**	6100					
6	5月18日	6400	9.70%	**众数**	6000					
7	5月19日	6000	9.90%	**标准差**	33177.8873					
8	5月20日	5900	10.10%	**方差**	1100772206					
9	5月21日	6500	10.00%	**峰度**	1.97584234					
10	5月22日	90000	10.00%	**偏度**	1.914083192					
11	5月23日	6000	9.60%	**区域**	95000					
12	5月24日	6100	9.80%	**最小值**	5000					
13	5月25日	5600	10.20%	**最大值**	100000					
14	5月26日	6400	10.80%	**求和**	354800					
15	5月27日	7000	9.20%	**观测数**	17					
16	5月28日	6000	9.90%	**最大(1)**	100000					
17	5月29日	6700	10.00%	**最小(1)**	5000					
18	5月30日	80000	10.50%	**置信度(95.0%**	17058.49558					

图 5-16

5.1.2 加载数据分析工具

如前文所述，第一次使用 Excel 2019 的数据分析工具时，用户需要通过加载项将其加载到功能区中。其方法：单击 Excel 2019 操作界面左上角的 "文件" 选项卡，在左侧的列表中选择最下方的 "选项"，打开 "Excel 选项" 对话框，在左侧列表中选择 "加载项"，然后在对话框下方的 "管理" 下拉列表中选择 "Excel 加载项"，单击右侧的 转到(G)... 按钮，打开 "加载项" 对话框，在 "可用加载宏" 列表框中勾选 "分析工具库" 复选框，单击 确定 按钮。数据分析工具将被加载到【数据】/【分析】组中，以 "数据分析" 按钮 的形式展示，如图 5-17 所示。

△ 提示

如果需要将 "数据分析" 按钮 从功能区中删除，只需按加载数据分析工具的方法，在打开的 "加载项" 对话框中取消勾选 "分析工具库" 复选框。

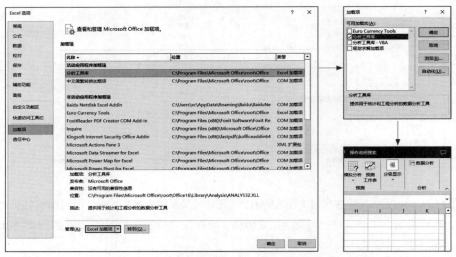

图 5-17

5.1.3 描述统计分析

描述统计分析工具可以对总体数据进行统计性描述，从而发现数据的分布规律，并挖掘数据的内在特征。描述统计是一种基础且常用的统计分析方法，可以为数据分析提供有效的推断依据。

1. 使用描述统计分析工具

在 Excel 2019 中使用描述统计分析工具的方法：在【数据】/【分析】组中单击加载的"数据分析"按钮，打开"数据分析"对话框，在"分析工具"下拉列表中选择"描述统计"，单击 确定 按钮，打开"描述统计"对话框，在其中设置相应的描述统计参数，完成后单击 确定 按钮，如图 5-18 所示。图 5-18 展示了对话框中各参数的意义。

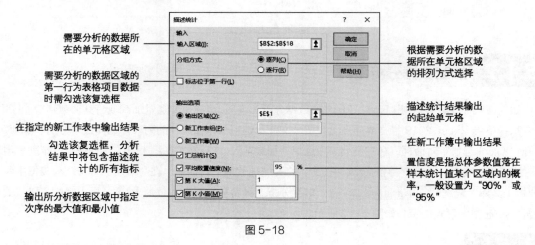

图 5-18

2. 认识描述统计指标

使用描述统计分析工具分析数据后，Excel 2019 将输出包括平均、标准误差、中位数等在内的多个指标数据，各指标的含义如图 5-19 所示。

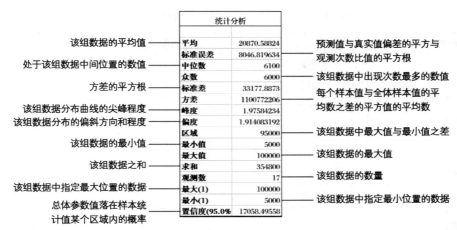

图 5-19

5.1.4 相关系数分析

相关系数分析工具可以度量指标之间的关系程度和方向，若一个指标越大，另一个指标也越大，则这两个指标属于正相关的关系；若一个指标越大，另一个指标越小，则这两个指标属于负相关的关系。

1. 使用相关系数分析工具

在 Excel 2019 中使用相关系数分析工具的方法：在【数据】/【分析】组中单击"数据分析"按钮，打开"数据分析"对话框，在"分析工具"下拉列表中选择"相关系数"，单击 确定 按钮，打开"相关系数"对话框，在其中设置相应的相关系数参数，完成后单击 确定 按钮，如图 5-20 所示。图 5-20 展示了对话框中各参数的意义。

图 5-20

2. 认识相关系数

使用相关系数工具分析数据后，Excel 2019 将输出所选指标的相关系数结果。相关系数是度量变量之间关系程度和方向的统计量，若用字母 r 表示相关系数，则 r 的取值范围是 $[-1,1]$。其取值范围与对应的相关关系如表 5-1 所示。

表 5-1　相关系数的取值范围与对应的相关关系

取值范围	相关关系
$|r| = 1$	变量之间完全相关。其中，$r = -1$，表示完全负相关；$r = 1$，表示完全正相关

取值范围	相关关系
$r = 0$	变量之间不存在线性相关关系
$-1 \leq r < 0$	变量之间呈负相关关系
$0 < r \leq 1$	变量之间呈正相关关系
$0.8 \leq |r| < 1$	变量之间高度线性相关
$0.5 \leq |r| < 0.8$	变量之间中度线性相关
$0.3 \leq |r| < 0.5$	变量之间低度线性相关
$|r| < 0.3$	变量之间弱线性相关，可视为不相关

5.1.5 回归分析

回归分析是对具有密切关系的两个变量，根据其相关形式，选择合适的数学关系式来表现变量之间平均变化程度的一种分析方法。回归分析中涉及的两个变量可以理解为因变量和自变量，因变量处在被解释的地位，自变量用于预测因变量的变化。例如，数学关系式 $y = a + bx$ 中，a 与 b 是常数，y 是因变量，x 是自变量。

在 Excel 2019 中使用回归分析工具的方法：在【数据】/【分析】组中单击"数据分析"按钮 <kbd></kbd>，打开"数据分析"对话框，在"分析工具"下拉列表中选择"回归"，单击 确定 按钮，打开"回归"对话框，在其中设置相应的回归参数，完成后单击 确定 按钮，如图 5-21 所示。

图 5-21 的最下方图中，第 25 行第 2 列的数据对应的就是常数 a，第 26 行第 2 列的数据对应的就是常数 b，因此产量（自变量 x）与单位成本（因变量 y）的数学关系式为：单位成本 $= 77.364 - 0.002 \times$ 产量。由此可见，产量越高，单位成本越低。回归统计和方差分析的输出结果主要说明数学关系式中变量的相关性是否密切以及误差的大小程度。

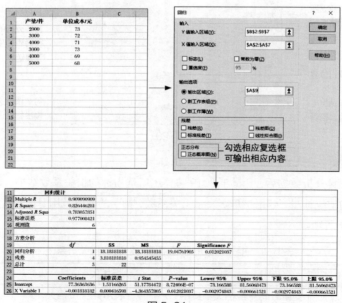

图 5-21

5.2
模拟分析与预测工作表

　　分析和预测数据的模拟可以帮助企业更好地策划未来将要开展的工作，并制订更符合企业发展需求的运营策略。Excel 2019 具有一定的数据模拟分析与数据预测功能，能够在一定程度上帮助企业了解数据的变化情况。

5.2.1　课堂案例——挑选最佳贷款方案

　　【制作要求】根据企业的预计贷款方案，在 4 种方案中挑选出最佳方案。

　　【操作要点】使用 Excel 2019 的方案管理器并结合若干财务函数完成贷款方案的挑选，参考效果如图 5-22 所示。

　　【素材位置】配套资源：\素材文件\第 5 章\企业贷款方案.xlsx。

　　【效果位置】配套资源：\效果文件\第 5 章\企业贷款方案.xlsx。

图 5-22

　　其具体操作如下。

STEP 01 打开"企业贷款方案.xlsx"素材文件，选择 D3 单元格，单击编辑框左侧的"插入函数"按钮 f_x，打开"插入函数"对话框，在"搜索函数"文本框中输入"偿还"，按【Enter】键确认输入，在"选择函数"列表中选择"PMT"，单击 确定 按钮，如图 5-23 所示。

STEP 02 打开"函数参数"对话框，在"Rate"文本框中引用 C3 单元格的地址，在"Nper"文本框中引用 B3 单元格的地址，在"Pv"文本框中引用 A3 单元格的地址，并在引用的地址前添加"-"，单击 确定 按钮，如图 5-24 所示。

视频教学：
挑选最佳贷款
方案

图 5-23

图 5-24

> **知识拓展**
>
> PMT 函数可以根据固定付款额和固定利率计算贷款的付款额，其语法格式为=PMT(Rate,Nper, Pv, [Fv], [Type])。参数 Rate 表示贷款利率；参数 Nper 表示贷款的付款总期数；参数 Pv 表示现值，或一系列未来付款现在所值的总额，也叫本金；参数 Fv 表示未来值，或在最后一次付款后希望得到的现金余额，省略该参数表示未来值为 0，即完全还清贷款；参数 Type 表示还款时间，0 或省略表示期末还款，1 表示期初还款。由于 PMT 函数返回的是付款额，默认返回数据为负数，在设置函数参数时对参数 Pv 进行负数处理，目的是使返回的结果为正数。

STEP 03 此时 D3 单元格将返回预计贷款方案下每年的还款额数据，如图 5-25 所示。

STEP 04 选择 E3 单元格，在编辑框中输入"=D3*B3-A3"，按【Ctrl+Enter】组合键计算需要偿还的利息总额数据，如图 5-26 所示。

图 5-25

图 5-26

STEP 05 在【数据】/【预测】组中单击"模拟分析"按钮，在弹出的下拉列表中选择"方案管理器"，打开"方案管理器"对话框，单击 添加(A)... 按钮，如图 5-27 所示。

STEP 06 打开"添加方案"对话框，在"方案名"文本框中输入"方案 1"，删除"可变单元格"文本框中原有的单元格地址，重新引用 A3:C3 单元格地址（此时对话框名称将变为"编辑方案"对话框），单击 确定 按钮，如图 5-28 所示。

图 5-27

STEP 07 打开"方案变量值"对话框，根据表格中方案 1 的贷款总额、还款期限和年利率等数据，修改对话框中的数据，完成后单击 确定 按钮，如图 5-29 所示。

图 5-28

图 5-29

STEP 08 返回"方案管理器"对话框，此时添加的方案 1 将显示在"方案"列表中，继续单击 添加(A)... 按钮，如图 5-30 所示。

STEP 09 打开"添加方案"对话框，在"方案名"文本框中输入"方案 2"，单击 确定 按钮，如图 5-31 所示。

图 5-30

图 5-31

STEP 10 打开"方案变量值"对话框，根据表格中方案 2 的贷款总额、还款期限和年利率等数据，修改对话框中的数据，完成后单击 确定 按钮，如图 5-32 所示。

STEP 11 返回"方案管理器"对话框，按相同方法继续添加方案 3 和方案 4，完成后单击 摘要(U)... 按钮，如图 5-33 所示。

图 5-32

STEP 12 打开"方案摘要"对话框，在"结果单元格"文本框中引用 E3 单元格的地址，即偿还利息总额的数据，单击 确定 按钮，如图 5-34 所示。

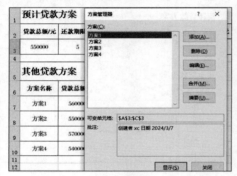

图 5-33

图 5-34

STEP 13 此时将生成"方案摘要"工作表，其中列出了所有方案的数据与结果，如图 5-35 所示。由图可知，与企业的预计贷款方案相比，无论是贷款总额、还款期限、年利率，还是偿还利息总额，方案 1 都是最为接近的，因此企业可以确定方案 1 为贷款的最佳方案。

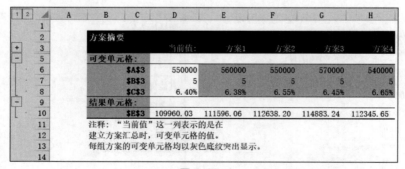

图 5-35

5.2.2 使用方案管理器

方案管理器为方案的记录、编辑、计算，以及最终报告的形成提供了一整套高效的操作流程，简化了企业制订销售方案、推广方案、贷款方案等的工作环节。方案管理器的应用看似复杂，其实非常简单，只需确定可变因素，并通过可变因素计算得到目标结果，然后借助方案管理器修改可变因素的值，从而生成不同方案的目标结果，以从中选出最佳方案。

下面以商品单价、单个商品成本、商品销量为可变因素，计算预期利润，并利用方案管理器选择最佳的销售方案，进一步巩固方案管理器的使用。其方法：在 A1:B4 单元格区域中输入相应的项目和数据，其中预期利润的计算公式为"（商品单价−单个商品成本）×商品销量"，在【数据】/【预测】组中单击"模拟分析"按钮，在弹出的下拉列表中选择"方案管理器"，打开"方案管理器"对话框，单击 添加(A)... 按钮，设置方案名并指定可变单元格，即商品单价、单个商品成本和商品销量数据所在的单元格区域，单击 确定 按钮，打开"方案变量值"对话框，修改新方案可变单元格对应的数据，完成后单击 确定 按钮。按相同方法创建其他方案和对应的可变单元格数据。创建完所有方案后，在"方案管理器"对话框中单击 摘要(U)... 按钮，打开"方案摘要"对话框，在"结果单元格"文本框中指定预期利润数据所在的单元格，单击 确定 按钮生成方案，如图 5-36 所示。

图 5-36

5.3
AI 智能处理与分析数据

随着 AI 技术的快速发展，许多软件拥有了智能化操作功能，Excel 也不例外。虽然 Excel 中可以加载许多 AI 工具，如 ChatGPT for Excel 等，但这些工具往往需要付费，且操作界面的语言为英文，这无疑增加了用户的使用难度。因此，我们可以考虑使用外部 AI 插件或智能平台来达到利用 Excel 智能处理与分析数据的目的。

5.3.1 课堂案例——智能处理与分析客服数据

【制作要求】自动生成客服数据，然后根据服务质量评分智能生成评价公式，智能分析表格数据，最后创建客户满意度变化趋势图。

【操作要点】使用 Excel AI 插件中的"数据生成""智问公式""数据分析"和"数据图表"等功能完成智能处理与分析客服数据的操作，参考效果如图 5-37 所示。

【效果位置】配套资源：\效果文件\第 5 章\智能数据.xlsx。

图 5-37

其具体操作如下。

STEP 01 新建空白的 Excel 工作表，选择 A1 单元格，在【Excel AI】/【数据】组中单击"数据生成"按钮，在弹出的下拉列表中选择某种维度，如"时间维度"，如图 5-38 所示。

STEP 02 打开"Excel AI-虚拟数据生成器-时间维度"对话框，在"语言"下拉列表中选择"中文"，在"行业"下拉列表中选择"商业"，在"业绩指标"下拉列表中选择"5个"，在"行数"下拉列表中选择"24行"，在"职能"下拉列表中选择"客户服务"，在"时间颗粒"下拉列表中选择"月"，单击 生成 按钮生成数据，然后单击 粘贴到表格 按钮，如图 5-39 所示。

视频教学：
智能处理与分析
客服数据

扫一扫：
高清彩图

图 5-38

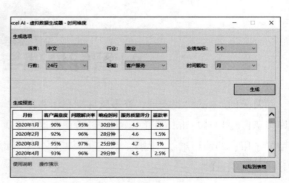

图 5-39

STEP 03 在弹出的提示对话框中单击 [是(Y)] 按钮，如图 5-40 所示。

STEP 04 完成数据的生成操作，适当对数据进行美化和编辑，包括设置列宽、字体格式、对齐方式等，然后将"响应时间"项修改为"响应时间/分钟"项，删除该列单元格数据中的"分钟"文本，并在 G 列添加"评价"项目，如图 5-41 所示。

图 5-40 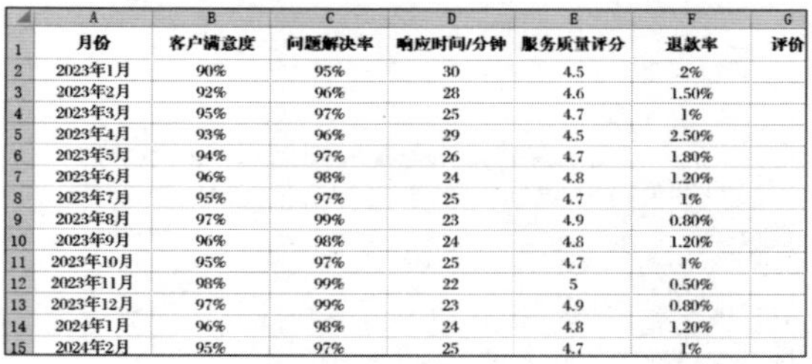　　　　　　　　　　　　　　　图 5-41

STEP 05 选择 G2 单元格，如图 5-42 所示，在【Excel AI】/【公式】组中单击"智问公式"按钮 *fx*，打开"Excel AI － 智问公式"对话框，在"Q："文本框中输入对公式的描述，这里输入"根据 E2 单元格中的数据得出评价，低于 4.5 的为较差，在 4.5 至 4.7 的范围的为良好，高于 4.7 的为优秀"，单击 [提交] 按钮，Excel AI 开始生成公式，完成后单击 [应用到表格] 按钮，如图 5-43 所示。

图 5-42　　　　　　　　　　　　　　　图 5-43

STEP 06 在弹出的提示对话框中单击 [是(Y)] 按钮，如图 5-44 所示。

STEP 07 拖曳 G2 单元格右下角的填充柄至 G25 单元格，快速完成对各月客服工作的评价，如图 5-45 所示。

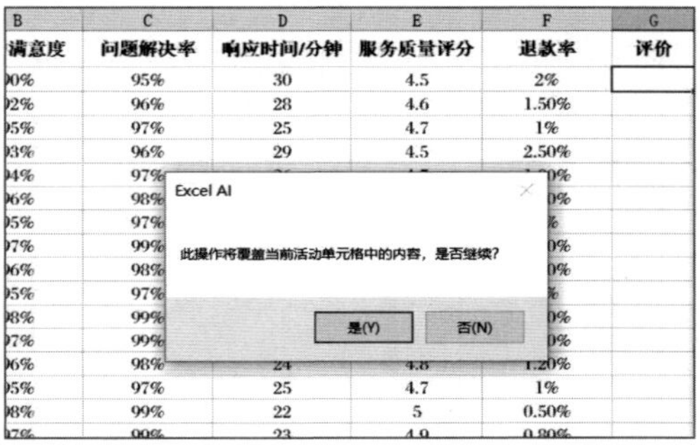

图 5-44 　　　　　　　　　　　　　　　图 5-45

STEP 08 选择 A1:G25 单元格区域，如图 5-46 所示，在【Excel AI】/【数据】组中单击"数据分析"

按钮，打开"Excel AI - 智能数据分析"对话框，在"分析角度"下拉列表中选择"趋势分析"，在"分析要求（选填）"文本框中输入分析需求，这里输入"重点分析服务质量评分和退款率的趋势变化"，单击 提交 按钮，Excel AI 开始分析数据，完成后"分析结果"栏中将显示具体的分析内容和结论，如图 5-47 所示。

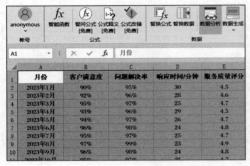

图 5-46

图 5-47

STEP 09 在【Excel AI】/【数据】组中单击"数据图表"按钮，在弹出的下拉列表中选择"折线图"，在弹出的子列表中选择第一种图表样式，如图 5-48 所示。

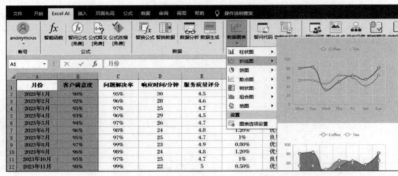

图 5-48

STEP 10 在操作界面右侧的"颜色主题"下拉列表中选择"海天蓝"，单击 复制到表格 按钮，如图 5-49 所示。

STEP 11 此时创建的折线图将以图片的形式出现在表格中，如图 5-50 所示。

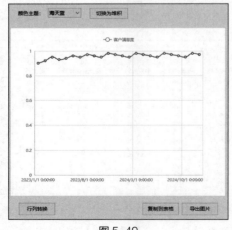

图 5-49

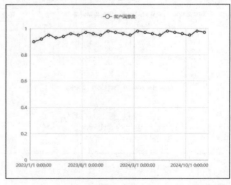

图 5-50

⌂ **提示**

　　利用 Excel AI 创建的图表目前只能以图片的形式呈现，图片清晰度有所欠缺，且无法编辑和修改图表内容。但其具有一些 Excel 图表功能无法实现的可视化效果，实际工作时可酌情使用。

5.3.2　使用 Excel AI 插件

　　Excel AI 是一款人工智能技术加持的 Excel 插件，也是国内首款人工智能应用类 Excel 插件。该插件拥有公式、数据、图表、编程、灵感、对话 6 大智能模块，极大地提高了 Excel 的使用效率。将 Excel AI 插件下载并安装到计算机上后，Excel 功能区将出现 "Excel AI" 选项卡，其中包含 "账号" "公式" "数据" "图表" "编程" "灵感" "对话" 和 "帮助" 功能组。要想使用该插件，用户需要单击 "账号" 组中的 "登录" 按钮 📇，输入账号和验证码登录后才能正常使用。下面对该插件的部分功能进行介绍。

知识拓展

　　Excel AI 的部分功能并不是免费使用的，在【Excel AI】/【账号】组中单击头像下拉按钮，在弹出的下拉列表中选择 "免费用量"，打开 "Excel AI-免费用量统计" 对话框，其中列出了各种功能的可用免费次数。如果次数用完，可单击头像下拉按钮，在弹出的下拉列表中选择 "账户充值"，在打开的对话框中单击 前往充值页面 按钮，并在打开的页面中按需充值即可。

1. 智问公式

　　Excel AI 的 "智问公式" 功能可以通过向 Excel AI 提问来获取所需要的公式，提问时只需描述需求，Excel AI 就能根据描述内容自动生成公式。假设需要根据日期判断所属季度，其方法：选择需要返回公式结果的单元格区域，在【Excel AI】/【公式】组中单击 "智问公式" 按钮 fx，打开 "Excel AI - 智问公式" 对话框，在 "Q："文本框中输入对需求的描述，单击 提交 按钮，Excel AI 开始生成公式，完成后单击 应用到表格 按钮，最后根据需要填充公式，如图 5-51 所示。

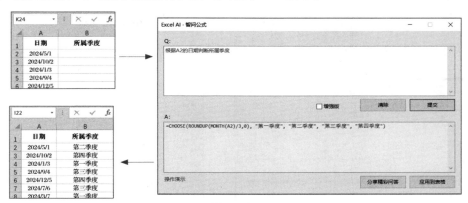

图 5-51

2. 数据分析

　　Excel AI 的 "数据分析" 功能可以对表格中选择的数据区域进行智能分析，并根据需要设置分析角度和重点分析内容等。其方法：选择需要分析的数据所在的单元格区域，在【Excel AI】/【数据】组中单击 "数据分析" 按钮 🚚，打开 "Excel AI - 智能数据分析" 对话框，在 "分析角度" 下拉列表中选择分析角度，此处为"机会分析"，在"分析要求（选填）"文本框中输入分析需求，此处为"访客数高且利润高的商品"，单击 提交 按钮，Excel AI 开始分析数据，完成后将在"分析结果"栏中显示具体的分析内容和结论，如图 5-52 所示。

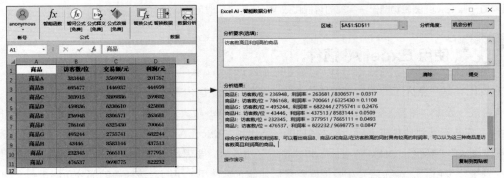

图 5-52

3. 数据生成

Excel AI 的"数据生成"功能可以从时间维度或人员维度生成多行业、多岗位、多指标的虚拟数据，当需要验证一些数据处理逻辑、数据分析方法，或进行数据演示分享时，可以利用该功能快速创建需要的数据而不必手动输入。其方法：选择数据生成的起始单元格，在【Excel AI】/【数据】组中单击"数据生成"按钮▦▦，在弹出的下拉列表中选择某种维度，此处为"时间维度"，打开"Excel AI - 虚拟数据生成器 - 时间维度"对话框，在"语言"下拉列表中选择"中文"或"英文"，此处为"中文"；在"行业"下拉列表中选择数据所属的行业，此处为"制造业"；在"业绩指标"下拉列表中选择指标的数量，此处为"3 个"；在"行数"下拉列表中选择数据的行数，此处为"20 行"；在"职能"下拉列表中选择数据所属的职业领域，此处为"技术研发"；在"时间颗粒"下拉列表中选择时间单位，此处为"天"；单击 生成 按钮生成数据，单击 粘贴到表格 按钮将数据复制到表格中，并在打开的提示对话框中单击 是(Y) 按钮，如图 5-53 所示。

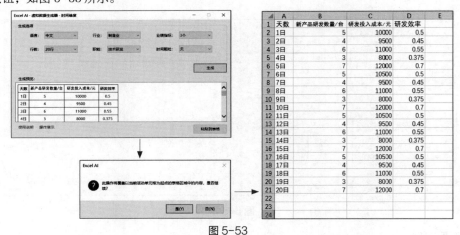

图 5-53

4. 数据图表

Excel AI 的"数据图表"功能可以对所选择的数据区域快速生成美观的图表，并以图片的形式显示在表格中。其方法：选择数据所在的单元格区域，在【Excel AI】/【数据】组中单击"数据图表"按钮，在弹出的下拉列表中选择某个图表类型，如"折线图"，在弹出的子列表中选择某种图表样式，此时将在操作界面右侧显示图表生成的任务窗格，在"颜色主题"下拉列表中设置图表颜色；勾选右侧的复选框，控制图表的显示内容，不同图表的复选框各不相同；单击 按钮，将图表以图片的形式复制到表格中，如图 5-54 所示。

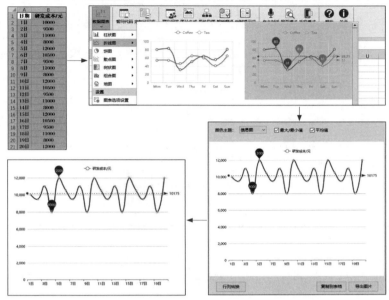

图 5-54

5.4

综合实训——借助 ChatExcel 分析部门销售数据

企业或部门的销售数据可以反映企业的销售情况，进而反映企业的整体运营情况。当进一步分析与销售数据相关的数据时，还能找到这些数据与销售数据之间的潜在关系，使企业在运营时能够更有针对性地改善相关环节。表 5-2 所示为本次实训的任务单。

表 5-2　借助 ChatExcel 分析部门销售数据的任务单

实训背景	企业收集了近 5 年销售部门各月的销售数据以及每月实发工资数据，现需要利用 Excel 分析数据内容，统计销售数据的整体情况，找到销售数据与实发工资数据的内在联系，使企业能够更好地管理销售活动
操作要求	（1）使用 ChatExcel 分析销售额和实发工资的整体情况； （2）分析销售数据的集中度和易变性； （3）分析销售数据与实发工资数据之间的关系； （4）建立销售数据与实发工资数据之间的线性方程式
操作思路	（1）上传文件到 ChatExcel，单独分析销售额和实发工资的整体情况； （2）使用描述统计分析工具分析销售数据； （3）使用相关系数分析工具分析销售数据和实发工资数据； （4）使用回归分析工具建立销售数据和实发工资数据的数学模型

续表

素材位置	配套资源：\素材文件\第 5 章\综合实训\部门销售数据.xlsx
效果位置	配套资源：\效果文件\第 5 章\综合实训\部门销售数据.xlsx
参考效果	

本实训的操作提示如下。

STEP 01 登录 ChatExcel 官方网站，上传"部门销售数据.xlsx"素材文件。

STEP 02 请求 ChatExcel 分析这段时期内销售额的整体情况，单击"提交"按钮◀或按【Enter】键。

STEP 03 分析已完成后，继续请求 ChatExcel 分析这段时期内实发工资的整体情况，并查看分析结果。

视频教学：借助 ChatExcel 分析部门销售数据

STEP 04 在 Excel 2019 中打开"部门销售数据.xlsx"素材文件，单击【数据】/【分析】组中的"数据分析"按钮，在打开的"数据分析"对话框中选择"描述统计"，单击 确定 按钮，在弹出的"描述统计"对话框中将输入区域指定为销售额所在的单元格区域，勾选所有复选框，确认设置后分析输出的数据包括平均（值）、标准误差、中位数、峰度、偏度、区域、最小值、最大值等。

STEP 05 继续选择"相关系数"，单击 确定 按钮，在弹出的"相关系数"对话框中将输入区域指定为销售额数据和实发工资数据所在的单元格区域，确认设置后分析输出的数据，确定两个指标的关系方向和强度。

STEP 06 继续选择"回归"，单击 确定 按钮，在弹出的"回归"对话框中将输入区域指定为销售额数据和实发工资数据所在的单元格区域，确认设置后分析输出的数据，确定两个指标的线性方程式。

5.5 课后练习

练习 1 分析商品营销费用

【操作要求】为企业挑选最优的营销方案。

【操作提示】计算营销费用率（各种费用之和除以收入），然后使用方案管理器创建多个营销方案，通过对比找出最优方案，参考效果如图 5-55 所示。

【素材位置】配套资源：\素材文件\第 5 章\课后练习\营销费用数据.xlsx。

【效果位置】配套资源：\效果文件\第 5 章\课后练习\营销费用数据.xlsx。

图 5-55

练习 2 使用 Excel AI 计算并分析商品营销费用表格

【操作要求】分析各商品的总费用情况和费用占销售额占比情况。

【操作提示】使用 Excel AI 计算各商品的总费用和费用占销售额占比，然后继续利用 Excel AI 从比较分析的角度分析各商品的总费用和费用占销售额比例，参考效果如图 5-56 所示。

【素材位置】配套资源：\素材文件\第 5 章\课后练习\营销费用数据 02.xlsx。

【效果位置】配套资源：\效果文件\第 5 章\课后练习\营销费用数据 02.xlsx。

	A	B	C	D	E	F
1	商品名称	基础营销费用/元	额外推广费用/元	销售额/元	总费用/元	费用占销售额比例
2	商品1	4000	1000	50000	5000	10.00%
3	商品2	6000	1500	80000	7500	9.38%
4	商品3	3500	800	40000	4300	10.75%
5	商品4	2800	700	35000	3500	10.00%
6	商品5	5000	1200	60000	6200	10.33%
7	商品6	7000	1800	90000	8800	9.78%
8	商品7	3200	600	30000	3800	12.67%
9	商品8	4500	1100	55000	5600	10.18%
10	商品9	3800	900	45000	4700	10.44%
11	商品10	5200	1300	65000	6500	10.00%
12	商品11	3000	500	32000	3500	10.94%
13	商品12	4200	1000	50000	5200	10.40%
14	商品13	4800	1200	58000	6000	10.34%
15	商品14	6200	1600	78000	7800	10.00%
16	商品15	2700	600	28000	3300	11.79%
17	商品16	4100	900	48000	5000	10.42%
18	商品17	5300	1400	63000	6700	10.63%
19	商品18	6500	1700	82000	8200	10.00%
20	商品19	2900	700	31000	3600	11.61%
21	商品20	4000	1000	45000	5000	11.11%

图 5-56

第 **6** 章 市场行业数据分析

市场行业数据是企业决策的重要依据，可以帮助企业了解市场变化、竞争格局及客户需求。其中，市场数据侧重反映市场的消费情况，行业数据侧重反映商品和企业的情况。对于企业而言，准确识别和分析市场行业数据，有助于企业发现其中蕴含的机遇，识别新兴市场或潜在的客户群体；可以预测市场变化，规避潜在风险；可以制订更加科学、有效的决策，提高市场竞争力，更好地应对市场挑战。

📖 学习要点

◎ 掌握市场增幅的含义与计算方法。
◎ 熟悉蛋糕指数的应用。
◎ 了解赫芬达尔指数的作用。
◎ 了解波动系数与极差的计算。
◎ 熟悉波士顿矩阵的含义与创建方法。

◇ 素养目标

◎ 通过分析市场行业数据培养具有前瞻性的思考方式。
◎ 进一步锻炼和提高对数据的处理、分析和解释能力。

◈ 扫码阅读

案例欣赏

课前预习

案例要求

　　某经营童鞋的企业想要了解当地的童鞋市场行业情况，包括童鞋市场下各细分市场能够容纳的最大销售量，各细分市场全年的交易额变化情况，整个童鞋市场的环比增幅和同比增幅，各细分市场的发展潜力，以及各细分市场的行业竞争激烈程度、行业稳定性等。现需要该企业的数据分析部门利用收集到的相关数据，对上述情况进行分析并得出相应的结论，为企业制订新的市场策略提供依据。图 6-1 所示为本案例的部分分析效果展示。

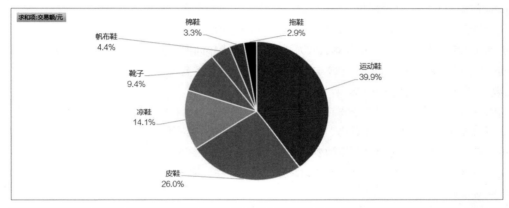

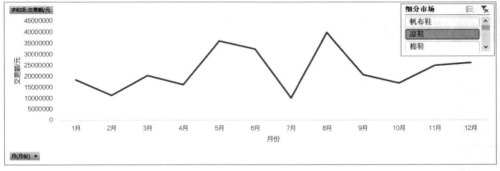

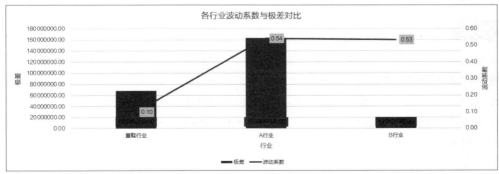

图 6-1

6.2 案例准备

本案例涉及的分析内容较多，读者除了需要用到与市场行业数据分析相关的数据指标以外，还应当了解分析中会用到的概念和方法。

6.2.1 市场增幅

市场增幅可以反映市场数据的增减变化和增减幅度，分析时可以利用同比与环比这两个概念。其中，同比是指与历史同时期数据比较，就是与不同年份的同一时期数据进行比较，比较结果往往称为同比增幅（也称同比增长率）。该指标的计算公式为"（本期数−上年同期数）/上年同期数×100%"。环比则是指与同一年的上期数据进行比较，比较结果往往称为环比增幅（也称环比增长率）。该指标的计算公式：（本期数−上期数）/上期数×100%。

同比增幅和环比增幅均用百分数或倍数表示。同比增幅一般用在相邻两年的相同月份之间进行比较；环比增幅则可以分为日环比、周环比、月环比和年环比，主要是对比短时期内数据的增减变化情况。同比增幅和环比增幅虽然都能反映数据的变化情况，但由于采用的基期不同，反映的内容也完全不同。通常来说，在评估长期趋势时，使用同比增幅来分析数据；在大部分数据波动频繁的情况下，利用环比增幅进行数据分析。

6.2.2 蛋糕指数

蛋糕指数是一种用于衡量一个国家或地区收入分配结构的指标，通常被用来研究经济发展和贫富差距的关系。在市场行业数据分析领域，可以借助该指数来分析市场的发展潜力。其计算公式：蛋糕指数=市场占比/商家数占比。式中，蛋糕指数越高，表示市场潜力越大。

分析市场潜力时，可以收集近一年各市场占比和商家数占比数据，建立蛋糕指数字段，并以该字段与市场字段为数据源创建雷达图，以时期为筛选器，查看不同时期内各市场的潜力情况，从而找到特定时期下潜力更大的市场。

🔔 **提示**

市场占比指的是市场的交易量占上一级市场交易量的比例，如童鞋市场下的皮鞋市场占比为 12.4%，说明皮鞋市场的交易量占整个童鞋市场交易量的比例为 12.4%；商家数占比是指市场的商家数占上一级市场所有商家数的比例，如童鞋市场下的皮鞋市场商家数占比为 7.6%，说明皮鞋市场的商家数占整个童鞋市场商家数的比例为 7.6%。如果市场占比和商家数占比的数据不太容易获取，则只能收集整个市场和其下各细分市场的交易量和商家数，然后通过计算得到想要的占比数据。

6.2.3　赫芬达尔指数

赫芬达尔指数是经济学中一个衡量行业垄断程度的统计指标。它会考虑市场上所有企业的市场份额及其对市场的影响力，从而反映行业集中度的高低。

赫芬达尔指数的计算方法：将市场上每个企业的市场份额的平方值相加，得到一个 0~1 的数值。赫芬达尔指数越接近于 1，表示市场集中程度越高，意味着少数几家企业占据了市场的大部分份额，市场竞争程度较低。相反，赫芬达尔指数接近于 0，则表明市场中有大量的小型企业，市场份额分散，市场竞争激烈。

6.2.4　波动系数与极差

波动系数是一个衡量一组数据离散程度的统计指标。它可以用来比较两个或多个数据集之间的差异，也可以用来判断一个数据集内部的变异情况。波动系数越大，表明数据的离散程度越高，行业稳定性越低。波动系数的计算公式：波动系数=标准差/平均值。其中，标准差是对数据的离散程度进行量化的统计指标，表示数据集合中各个数据与平均值之间的偏差程度。

极差是一组数据中最大值和最小值之间的差异，是一个常用的描述数据变异程度的统计指标。通常情况下，极差越大，表示数据的变异程度越大；反之则表示数据的变异程度越小。在市场行业数据分析中，极差可以反映行业的交易体量大小。其计算公式：极差=最大值/最小值。

利用波动系数和极差可以分析市场行业的稳定性，即当需求、价格等因素偏离均衡情况后该市场行业恢复为原来的均衡状态的能力，行业稳定性越高，市场风险相对越小。

6.2.5　波士顿矩阵

波士顿矩阵又叫"成长-市场占有率矩阵"，是一种常用的市场营销分析工具。其通过将商品或服务划分为不同类别并进行分类，从而帮助企业制定合理的业务发展战略。在市场行业数据分析领域，波士顿矩阵可以用来分析各子行业的表现，从而帮助企业有针对性地制订相应的市场策略，提高企业的市场竞争力。波士顿矩阵通常基于两个指标对子行业进行分析，即市场份额占比和交易增长率。市场份额占比反映该子行业在整个行业中所占的市场份额；交易增长率则反映该子行业的市场需求变化情况。利用这两个指标建立四象限图，如图 6-2 所示，各子行业根据数据指标落入相应的区域，从而可以判断该子行业的市场表现。

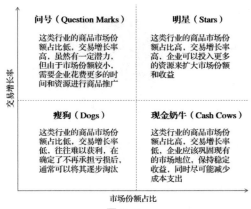

图6-2

6.3 案例操作

6.3.1 分析市场容量

市场容量即某个市场能够容纳的最大销售量。本案例采集了某地童鞋市场下各细分市场一年的交易额数据和对应的月份交易额数据。下面利用 Excel 2019 统计各细分市场市场容量的占比情况，分析当地童鞋市场中各细分市场的容量大小，具体操作如下。

视频教学：
分析市场容量

STEP 01 打开"市场容量数据.xlsx"文件（配套资源：\素材文件\第 6 章\市场容量数据.xlsx），以当前表格中所有数据为数据源，在新工作表中创建数据透视表，将"细分市场"字段拖曳至"行"列表中，将"交易额/元"字段拖曳至"值"列表中，如图 6-3 所示。

图 6-3

STEP 02 在数据透视表的基础上创建数据透视图，类型为饼图，如图 6-4 所示。

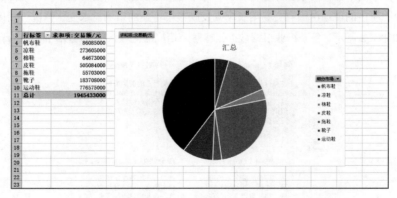

图 6-4

STEP 03 选择数据透视图，在【数据透视图工具设计】/【图表布局】组中单击"快速布局"按钮，在弹出的下拉列表中选择"布局 4"，将图表中文字的字体格式设置为"方正兰亭纤黑简体"，字号为

"10"，并调整图表至合适尺寸，效果如图 6-5 所示。

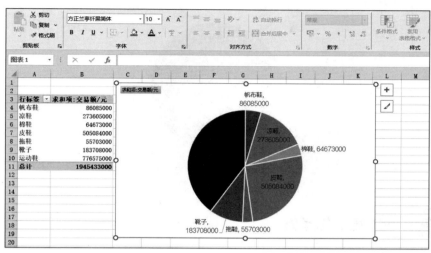

图 6-5

STEP 04 在饼图的任意扇形区域上单击鼠标右键，在弹出的快捷菜单中选择【排序】/【降序】命令，调整数据的排列顺序，如图 6-6 所示。

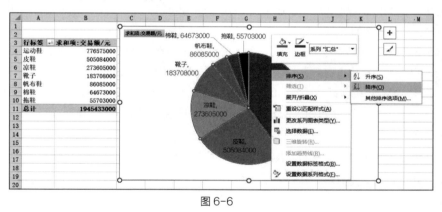

图 6-6

STEP 05 双击饼图上的任意数据标签，打开"设置数据标签格式"任务窗格，在窗格中取消勾选"值"复选框，勾选"百分比"复选框，然后展开任务窗格下方的"数字"栏，在"类别"下拉列表中选择"百分比"，将小数位数设置为"1"。

STEP 06 再次选择任意数据标签，拖曳标签调整其至合适位置，并按相同方法依次调整其他数据标签对象，效果如图 6-7 所示（配套资源：\效果文件\第 6 章\市场容量数据.xlsx）。

　　由图可知，在该时期内，当地童鞋市场中运动鞋市场容量最大，占比为 39.9%；其次是皮鞋市场，市场容量占比为 26.0%；再次分别是凉鞋市场和靴子市场，这两个市场的容量占比分别为 14.1% 和 9.4%；市场容量占比较小的是帆布鞋市场、棉鞋市场和拖鞋市场，它们的市场容量占比分别为 4.4%、3.3% 和 2.9%。在实际操作中，企业可以采集时间跨度更长的数据，这样统计到的细分市场容量占比更加准确，可以更好地帮助企业了解细分市场的容量情况。

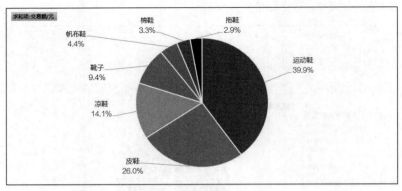

图 6-7

6.3.2 分析市场变化趋势

市场变化趋势能够反映某市场交易额的变化情况。对于一年的交易额而言，市场变化趋势能反映市场的交易淡旺季情况。本案例采集了某地童鞋市场下各细分市场一年的交易额数据和对应的月份数据。下面利用 Excel 2019 创建能够反映趋势变化的数据透视图，并建立"细分市场"切片器，筛选出不同的童鞋细分市场，分析它们一年中交易额的变化趋势，具体操作如下。

视频教学：
分析市场变化
趋势

STEP 01 打开"市场趋势数据.xlsx"文件（配套资源：\素材文件\第 6 章\市场趋势数据.xlsx），以当前表格中所有数据为数据源在新工作表中创建数据透视表，将"月份"字段拖曳至"行"列表中，由于是日期类型的数据，Excel 2019 将在"行"列表中自动增加"月（月份）"字段和"天（月份）"字段，将"天（月份）"字段和"月份"字段从列表中删除，然后将"交易额/元"字段拖曳至"值"列表中，如图 6-8 所示。

图 6-8

STEP 02 按前文所述相同方法，在数据透视表的基础上创建数据透视图，类型为折线图，为其应用"布局 7"样式，并删除图例、水平网格线和垂直网格线，将图表中文字的字体格式设置为"方正兰亭纤黑简体"，然后将横坐标轴和纵坐标轴的标题分别修改为"月份"和"交易额/元"，并调整图表尺寸至合适，如图 6-9 所示。

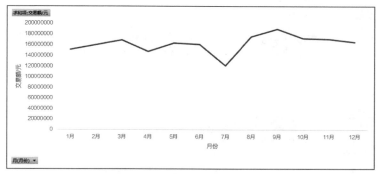

图 6-9

选择数据透视图,在【数据透视图工具 数据透视图分析】/【筛选】组中单击"插入切片器"按钮 ,打开"插入切片器"对话框,勾选"细分市场"复选框,单击 确定 按钮,打开"细分市场"切片器,选择"运动鞋",效果如图 6-10 所示(配套资源:\效果文件\第 6 章\市场趋势数据.xlsx)。

由图可知,当地童鞋市场下的运动鞋市场,全年交易额保持在 5000 万~8000 万元的水平,10 月是全年的交易高峰期,9 月和 11 月的交易额表现也不错;其次是 1 月、4 月、6 月,这几个月的交易额在7000 万元左右;在 2 月、5 月、7 月、8 月,交易额有明显下降,特别是 5 月、7 月、8 月,交易额几乎下降到 6000 万元以下,企业需要随时做好旺季与淡季的销售准备,才能更好地适应该市场的变化。分析完运动鞋市场后,按照相同方法在切片器中选择其他市场,并分析该市场的趋势变化。

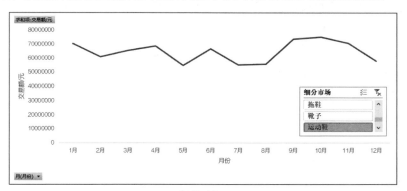

图 6-10

6.3.3　借助讯飞星火计算数据并分析市场增幅

为了分析近两年某地童鞋市场的增幅情况,本案例采集了该市场下近两年各月的交易额数据。下面首先利用讯飞星火了解环比增幅和同比增幅的概念和计算方法,然后在 Excel 2019 中利用这些数据分析各月的环比增幅和同比增幅情况。其具体操作如下。

视频教学:
借助讯飞星火
计算数据并
分析市场增幅

STEP 01 登录讯飞星火官方网站,单击 开始对话 按钮,如图 6-11 所示。

STEP 02 在文本框中输入需要询问的内容,这里询问讯飞星火如何理解环比增幅和同比增幅,并在已知近两年各月交易额的情况下,如何计算环比增幅与同比增幅,然后单击"提交"按钮 或按【Enter】键,如图 6-12 所示。

图 6-11

下午好，有什么需要帮忙吗？

什么是环比增幅和同比增幅？若已知近两年各月的交易额，应该如何计算环比增幅与同比增幅？

代码生成　内容写作　文本润色　网页摘要　中英翻译　学习计划　居家健身　儿童教育　短视频脚本　更多

图 6-12

STEP 03 讯飞星火将首先解释环比增幅和同比增幅这两个指标的含义，然后举例说明计算方法，如图 6-13 所示。（利用讯飞星火，读者可充分理解环比增幅和同比增幅的含义与计算方法，为后面使用 Excel 2019 分析市场增幅做好准备）。

假设我们有某公司近两年各月的交易额数据如下。

月份	去年交易额（元）	今年交易额（元）
1月	100,000	120,000
2月	150,000	180,000
3月	200,000	220,000

计算1月的环比增幅和同比增幅。

1. 环比增幅

- 由于1月没有上一个月的数据，所以无法计算环比增幅。

2. 同比增幅

- 去年1月交易额 = 100,000元
- 今年1月交易额 = 120,000元
- 同比增幅 = $\frac{120,000-100,000}{100,000} \times 100\% = \frac{20,000}{100,000} \times 100\% = 20\%$

图 6-13

STEP 04 打开"市场增幅数据.xlsx"文件（配套资源：\素材文件\第 6 章\市场增幅数据.xlsx），选择 D3:D25 单元格区域，按照环比增幅的计算公式，在工作表的编辑框中输入公式"=(C3-C2)/C2"（由于这里已经将数据格式设置为百分比数据，因此公式中未再乘以 100%，后文同），按【Ctrl+Enter】组合键计算各月的环比增幅，如图 6-14 所示。

STEP 05 选择 E14:E25 单元格区域，在编辑栏中输入"=(C14-C2)/C2"，按【Ctrl+Enter】组合键计算 2024 年每月的同比增幅，如图 6-15 所示。

D3　=(C3-C2)/C2

	A	B	C	D	E
1	年份	月份	交易额/元	环比增幅	同比增幅
2	2023	1月	142,162,000		
3		2月	145,967,000	2.7%	
4		3月	155,411,000	6.5%	
5		4月	152,103,000	−2.1%	
6		5月	156,840,000	3.1%	
7		6月	149,672,000	−4.6%	
8		7月	109,338,000	−26.9%	
9		8月	146,320,000	33.8%	
10		9月	169,386,000	15.8%	
11		10月	160,235,000	−5.4%	
12		11月	155,683,000	−2.8%	
13		12月	153,703,000	−1.3%	
14	2024	1月	151,304,000	−1.6%	
15		2月	160,060,000	5.8%	
16		3月	168,944,000	5.6%	
17		4月	147,543,000	−12.7%	
18		5月	163,078,000	10.5%	
19		6月	160,817,000	−1.4%	
20		7月	121,107,000	−24.7%	
21		8月	174,894,000	44.4%	
22		9月	189,353,000	8.3%	
23		10月	172,312,000	−9.0%	
24		11月	170,832,000	−0.9%	
25		12月	165,189,000	−3.3%	

图 6-14

E14　=(C14-C2)/C2

	A	B	C	D	E
1	年份	月份	交易额/元	环比增幅	同比增幅
2	2023	1月	142,162,000		
3		2月	145,967,000	2.7%	
4		3月	155,411,000	6.5%	
5		4月	152,103,000	−2.1%	
6		5月	156,840,000	3.1%	
7		6月	149,672,000	−4.6%	
8		7月	109,338,000	−26.9%	
9		8月	146,320,000	33.8%	
10		9月	169,386,000	15.8%	
11		10月	160,235,000	−5.4%	
12		11月	155,683,000	−2.8%	
13		12月	153,703,000	−1.3%	
14	2024	1月	151,304,000	−1.6%	6.4%
15		2月	160,060,000	5.8%	9.7%
16		3月	168,944,000	5.6%	8.7%
17		4月	147,543,000	−12.7%	−3.0%
18		5月	163,078,000	10.5%	4.0%
19		6月	160,817,000	−1.4%	7.4%
20		7月	121,107,000	−24.7%	10.8%
21		8月	174,894,000	44.4%	19.5%
22		9月	189,353,000	8.3%	11.8%
23		10月	172,312,000	−9.0%	7.5%
24		11月	170,832,000	−0.9%	9.7%
25		12月	165,189,000	−3.3%	7.5%

图 6-15

STEP 06 选择 D1:E1 单元格区域，按住【Ctrl】键的同时加选 D14:E25 单元格区域，以所选单元格区域为数据源，按前文所述相同方法，创建柱形图，为图表应用“布局 7”布局样式，并删除次要水平网格线。

STEP 07 在【图表工具 图表设计】/【图表布局】组中单击“添加图表元素”按钮，在弹出的下拉列表中选择【图例】/【顶部】，调整图例位置至合适。

STEP 08 在【图表工具 图表设计】/【数据】组中单击“选择数据”按钮，打开“选择数据源”对话框，单击“水平（分类）轴标签”列表中 编辑(T) 按钮，在打开的“轴标签”对话框中引用 B14:B25 单元格区域的地址，单击 确定 按钮，如图 6-16 所示，返回并关闭“选择数据源”对话框。

STEP 09 将横坐标轴和纵坐标轴的标题分别修改为“月份”和“增幅”，将图表中文字的字体格式设置为“方正兰亭纤黑简体”，并调整图表尺寸至合适。

STEP 10 选择同比增幅对应的数据系列，取消其填充颜色，为其添加橙色的轮廓颜色。选择整个图表，添加数据标签对象，然后适当调整某些数据标签的位置，使其更好地表示对应的数据系列，效果如

图 6-17 所示（配套资源：\效果文件\第 6 章\市场增幅数据.xlsx）。

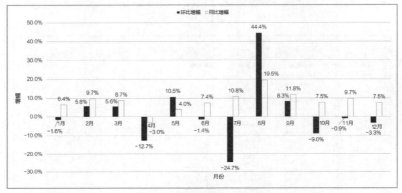

图 6-16

图 6-17

扫一扫：
高清彩图

由图可知，2024 年当地童鞋市场的环比增幅数据变动较大，1 月降低了 1.6%，4 月降低了 12.7%，7 月降低了 24.7%，但 8 月又快速增长了 44.4%。这些数据表明本年度该童鞋市场的交易变动情况较大，市场风险较高。与 2023 年相比，每月的同比数据绝大部分大多处于增长的状态，除了 4 月小幅降低了 3.0% 之外，其余各月的同比增幅大多在 4.0% ~ 12%。8 月的同比增幅最高，达到了 19.5%，说明相比于 2023 年，2024 年该市场交易额在逐步增加。

6.3.4 分析市场潜力

市场潜力需要借助蛋糕指数进行分析。本案例采集了某地童鞋市场各细分市场近一年的各月交易额、各细分市场商家数、各月商家总数和月份等数据。下面在 Excel 2019 中利用这些数据分析各细分市场的潜力情况，具体操作如下。

STEP 01 打开"市场潜力数据.xlsx"文件（配套资源：\素材文件\第 6 章\市场潜力数据.xlsx），选择 E2:E8 单元格区域，在编辑框中输入"=B2/ SUM(B2:B8)"，选择函数中的参数内容，按【F4】键将其转换为绝对引用，按【Ctrl+Enter】组合键计算 2024 年 1 月童鞋各细分市场的交易额占比，如图 6-18 所示。

STEP 02 按相同方法计算其他月份各细分市场的交易额占比，如图 6-19 所示。

视频教学：
分析市场潜力

| E2 | =B2/SUM($B$2:$B$8) |

细分市场	交易额/元	商家数/家	商家总数/家	细分市场交易额占比	商家数占比	月份
帆布鞋	8,653,000	769	1,764	5.7%		2024年1月
皮鞋	29,733,000	1,351		19.7%		2024年1月
凉鞋	18,392,000	643		12.2%		2024年1月
靴子	14,371,000	430		9.5%		2024年1月
运动鞋	70,559,000	805		46.6%		2024年1月
拖鞋	5,338,000	855		3.5%		2024年1月
棉布鞋	4,258,000	194		2.8%		2024年1月
帆布鞋	4,257,000	903	1,826			2024年2月
皮鞋	59,565,000	1,386				2024年2月
凉鞋	11,302,000	647				2024年2月

图 6-18

| E9 | =B9/SUM($B$9:$B$15) |

细分市场	交易额/元	商家数/家	商家总数/家	细分市场交易额占比	商家数占比	月份
帆布鞋	8,653,000	769	1,764	5.7%		2024年1月
皮鞋	29,733,000	1,351		19.7%		2024年1月
凉鞋	18,392,000	643		12.2%		2024年1月
靴子	14,371,000	430		9.5%		2024年1月
运动鞋	70,559,000	805		46.6%		2024年1月
拖鞋	5,338,000	855		3.5%		2024年1月
棉鞋	4,258,000	194		2.8%		2024年1月
帆布鞋	4,257,000	903	1,826	2.7%		2024年2月
皮鞋	59,565,000	1,386		37.2%		2024年2月
凉鞋	11,302,000	647		7.1%		2024年2月
靴子	14,913,000	470		9.3%		2024年2月
运动鞋	61,029,000	787		38.1%		2024年2月
拖鞋	3,299,000	789		2.1%		2024年2月
棉鞋	5,695,000	203		3.6%		2024年2月

图 6-19

STEP 03 选择 F2:F8 单元格区域，在编辑框中输入 "=C2/D2"，将 D2 单元格地址的引用方式转换为绝对引用，按【Ctrl+Enter】组合键计算 2024 年 1 月童鞋各细分市场的商家数占比，如图 6-20 所示。

| F2 | =C2/$D$2 |

细分市场	交易额/元	商家数/家	商家总数/家	细分市场交易额占比	商家数占比	月份
帆布鞋	8,653,000	769	1,764	5.7%	43.6%	2024年1月
皮鞋	29,733,000	1,351		19.7%	76.6%	2024年1月
凉鞋	18,392,000	643		12.2%	36.5%	2024年1月
靴子	14,371,000	430		9.5%	24.4%	2024年1月
运动鞋	70,559,000	805		46.6%	45.6%	2024年1月
拖鞋	5,338,000	855		3.5%	48.5%	2024年1月
棉鞋	4,258,000	194		2.8%	11.0%	2024年1月
帆布鞋	4,257,000	903	1,826	2.7%		2024年2月
皮鞋	59,565,000	1,386		37.2%		2024年2月
凉鞋	11,302,000	647		7.1%		2024年2月
靴子	14,913,000	470		9.3%		2024年2月
运动鞋	61,029,000	787		38.1%		2024年2月

图 6-20

STEP 04 按相同方法计算其他月份各细分市场的商家数占比，如图 6-21 所示。

| F9 | =C9/$D$9 |

细分市场	交易额/元	商家数/家	商家总数/家	细分市场交易额占比	商家数占比	月份
帆布鞋	8,653,000	769	1,764	5.7%	43.6%	2024年1月
皮鞋	29,733,000	1,351		19.7%	76.6%	2024年1月
凉鞋	18,392,000	643		12.2%	36.5%	2024年1月
靴子	14,371,000	430		9.5%	24.4%	2024年1月
运动鞋	70,559,000	805		46.6%	45.6%	2024年1月
拖鞋	5,338,000	855		3.5%	48.5%	2024年1月
棉鞋	4,258,000	194		2.8%	11.0%	2024年1月
帆布鞋	4,257,000	903	1,826	2.7%	49.5%	2024年2月
皮鞋	59,565,000	1,386		37.2%	75.9%	2024年2月
凉鞋	11,302,000	647		7.1%	35.4%	2024年2月
靴子	14,913,000	470		9.3%	25.7%	2024年2月
运动鞋	61,029,000	787		38.1%	43.1%	2024年2月

图 6-21

STEP 05 以当前表格中的所有数据为数据源，在新工作表中创建数据透视表，将"细分市场"字段拖曳至"行"列表中。

STEP 06 在【数据透视表工具 数据透视表分析】/【计算】组中单击"字段、项目和集"按钮 f_x ，在弹出的下拉列表中选择"计算字段"命令，如图 6-22 所示。

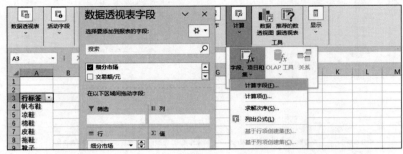

图 6-22

STEP 07 打开"插入计算字段"对话框，在"名称"文本框中输入"蛋糕指数"，在"公式"文本框中删除原有的"0"，然后双击"字段"列表中的"细分市场交易额占比"，继续在"公式"文本框中输入"/"，然后双击"字段"列表中的"商家数占比"，单击 添加(A) 按钮，创建的"蛋糕指数"字段将自动添加到"字段"列表中，最后单击 确定 按钮，如图 6-23 所示。

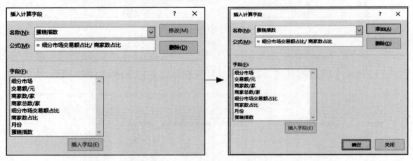

图 6-23

STEP 08 此时数据透视表将统计童鞋市场下各细分市场的市场潜力，按前文所述相同方法，在数据透视表的基础上创建数据透视图，类型为雷达图。删除图例，将图表标题修改为"细分市场潜力"，将图表中文字的字体格式设置为"方正兰亭纤黑简体"，并调整图表尺寸至合适。将图表标题移至图表左侧，放大雷达图，如图 6-24 所示。

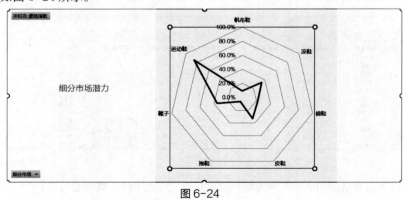

图 6-24

STEP 09 插入"月份"切片器，此时可以查看不同月份各细分市场的潜力，效果如图 6-25 所示（配套资源：\效果文件\第 6 章\市场潜力数据.xlsx）。

由图可知，当地童鞋市场 2024 年 5 月潜力较大的细分市场为运动鞋市场和凉鞋市场，帆布鞋市场和拖鞋市场的潜力则不被看好。

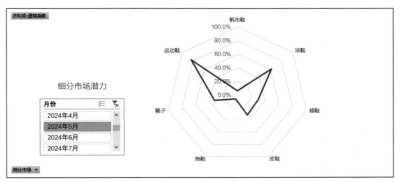

图 6-25

6.3.5 分析行业集中度

行业集中度可以用来评估行业内多个品牌间的市场竞争格局。借助赫芬达尔指数的计算方法可以得到行业集中度数据。本案例收集了当地童鞋市场中 30 个品牌在指定时期的交易额数据，下面在 Excel 2019 中利用这些数据计算赫芬达尔指数，具体操作如下。

视频教学：
分析行业集中度

STEP 01 打开"行业集中度数据.xlsx"文件（配套资源：\素材文件\第 6 章\行业集中度数据.xlsx）。选择 C2:C31 单元格区域，在编辑框中输入"=B2/SUM(B2:B31)"，将 B2:B31 单元格区域地址的引用方式转换为绝对引用，按【Ctrl+Enter】组合键，计算各品牌的市场份额占比，如图 6-26 所示。

	A	B	C	D	E
1	品牌名称	交易额/元	市场份额占比	市场份额占比平方值	行业集中度
2	品牌1	13,107,200	0.087958706		
3	品牌2	8,390,900	0.056308953		
4	品牌3	6,568,900	0.044082027		
5	品牌4	6,501,300	0.043628383		
6	品牌5	5,715,100	0.038352417		
7	品牌6	5,605,300	0.03761558		
8	品牌7	5,585,300	0.037481366		
9	品牌8	5,502,800	0.036927732		
10	品牌9	5,325,200	0.035735909		
11	品牌10	5,107,200	0.03427163		
12	品牌11	4,947,400	0.0332006		
13	品牌12	4,642,900	0.031157187		
14	品牌13	4,619,200	0.030998143		

编辑栏：C2 =B2/SUM($B$2:$B$31)

图 6-26

STEP 02 选择 D2:D31 单元格区域，在编辑框中输入"=C2*C2"，按【Ctrl+Enter】组合键计算所有品牌的市场份额占比平方值，如图 6-27 所示。

STEP 03 选择 E2 单元格，在编辑框中输入"=SUM(D2:D51)"，按【Ctrl+Enter】组合键计算行业集中度，如图 6-28 所示（配套资源：\效果文件\第 6 章\行业集中度数据.xlsx）。由图可知，该行业在特定时期的行业集中度为 0.03854955，数值远小于 1，说明该行业的市场集中度较低。如果数值趋近于 1，则说明行业处于垄断状态。

	A	B	C	D	E	F	G	H	I
D2		fx =C2*C2							
1	品牌名称	交易额/元	市场份额占比	市场份额占比平方值	行业集中度				
2	品牌1	13,107,200	0.087958706	0.007736734					
3	品牌2	8,390,900	0.056308953	0.003170698					
4	品牌3	6,568,900	0.044082027	0.001943225					
5	品牌4	6,501,300	0.043628383	0.001903436					
6	品牌5	5,715,100	0.038352417	0.001470908					
7	品牌6	5,605,300	0.03761558	0.001414932					
8	品牌7	5,585,300	0.037481366	0.001404853					
9	品牌8	5,502,800	0.036927732	0.001363657					
10	品牌9	5,325,200	0.035735909	0.001277055					
11	品牌10	5,107,000	0.03427163	0.001174545					
12	品牌11	4,947,400	0.0332006	0.00110228					
13	品牌12	4,642,900	0.031157187	0.00097077					
14	品牌13	4,619,200	0.030998143	0.000960885					

图 6-27

	A	B	C	D	E	F	G	H	I
E2		fx =SUM(D2:D51)							
1	品牌名称	交易额/元	市场份额占比	市场份额占比平方值	行业集中度				
2	品牌1	13,107,200	0.087958706	0.007736734	0.03854955				
3	品牌2	8,390,900	0.056308953	0.003170698					
4	品牌3	6,568,900	0.044082027	0.001943225					
5	品牌4	6,501,300	0.043628383	0.001903436					
6	品牌5	5,715,100	0.038352417	0.001470908					
7	品牌6	5,605,300	0.03761558	0.001414932					
8	品牌7	5,585,300	0.037481366	0.001404853					
9	品牌8	5,502,800	0.036927732	0.001363657					
10	品牌9	5,325,200	0.035735909	0.001277055					
11	品牌10	5,107,000	0.03427163	0.001174545					
12	品牌11	4,947,400	0.0332006	0.00110228					
13	品牌12	4,642,900	0.031157187	0.00097077					
14	品牌13	4,619,200	0.030998143	0.000960885					

图 6-28

知识拓展　　行业集中度的倒数表示有多少个样本可以代表总体。例如，上述案例中采集的品牌数量为 30 个，行业集中度的倒数为 1÷0.03854955 ≈ 26，表示上述行业内品牌中的 26 个品牌占据 30 个品牌的主要份额。

6.3.6 借助 ChatExcel 分析行业稳定性

行业稳定性越高，遇到风险的抵抗性则越好。本案例收集了当地童鞋行业 2024 年每月的交易额，以及当地其他两个行业相同时期的交易额。下面在 Excel 2019 中利用波动系数与极差这两个指标分析这 3 个行业的稳定性，然后将素材文件上传到 ChatExcel，看看该 AIGC 工具对行业稳定性的分析结果。其具体操作如下。

STEP 01 打开"行业稳定性数据.xlsx"文件（配套资源：\素材文件\第 6 章\行业稳定性数据.xlsx）。选择 B16 单元格，单击编辑栏上的"插入函数"按钮 fx，打开"插入函数"对话框，在"或选择类别"下拉列表中选择"统计"，在"选择函数"列表中选择"STDEV.P"（即标准差函数），单击 确定 按钮，如图 6-29 所示。

视频教学：
借助 ChtExcel
分析行业稳定性

STEP 02 打开"函数参数"对话框，选择"Number1"文本框中的数据，拖曳鼠标选择表格中的 B2:B13 单元格区域，引用其地址，单击 [确定] 按钮，如图 6-30 所示。

图 6-29　　　　　　　　　　　　　　　　　　　　图 6-30

STEP 03 拖曳 B16 单元格右下角的填充柄至 D16 单元格，将公式填充到另外两个单元格中，计算 3 个行业的标准差，如图 6-31 所示。

B16		f_x =STDEV.P(B2:B13)						
	A	B	C	D	E	F	G	H
10	2024年9月	189,353,000	78,808,280	2,467,340				
11	2024年10月	172,312,000	9,101,150	5,737,730				
12	2024年11月	170,832,000	61,518,030	5,337,120				
13	2024年12月	165,189,000	104,102,950	9,270,410				
14								
15		童鞋行业	A行业	B行业				
16	标准差	16,224,911.49	50,770,954.16	4,470,549.90				
17	平均值							
18	波动系数							
19	极差							

图 6-31

STEP 04 选择 B17:D17 单元格区域，在编辑框中输入"=AVERAGE(B2:B13)"，按【Ctrl+Enter】组合键计算各行业的交易额平均值，如图 6-32 所示。

B17		f_x =AVERAGE(B2:B13)							
	A	B	C	D	E	F	G	H	I
10	2024年9月	189,353,000	78,808,280	2,467,340					
11	2024年10月	172,312,000	9,101,150	5,737,730					
12	2024年11月	170,832,000	61,518,030	5,337,120					
13	2024年12月	165,189,000	104,102,950	9,270,410					
14									
15		童鞋行业	A行业	B行业					
16	标准差	16,224,911.49	50,770,954.16	4,470,549.90					
17	平均值	162,119,416.67	93,581,721.67	8,380,528.33					
18	波动系数								
19	极差								
20									
21									
22									

图 6-32

STEP 05 选择 B18:D18 单元格区域，在编辑框中输入"=B16/B17"，按【Ctrl+Enter】组合键计算各行业的波动系数，如图 6-33 所示。

STEP 06 选择 B19:D19 单元格区域，在编辑框中输入"=MAX(B2:B13)-MIN(B2:B13)"，按【Ctrl+Enter】组合键计算各行业的极差，如图 6-34 所示。

	B18			× ✓ fx	=B16/B17					
◢	A	B		C		D	E	F	G	H	I
10	2024年9月	189,353,000		78,808,280		2,467,340					
11	2024年10月	172,312,000		9,101,150		5,737,730					
12	2024年11月	170,832,000		61,518,030		5,337,120					
13	2024年12月	165,189,000		104,102,950		9,270,410					
14											
15		童鞋行业		A行业		B行业					
16	标准差	16,224,911.49		50,770,954.16		4,470,549.90					
17	平均值	162,119,416.67		93,581,721.67		8,380,528.33					
18	波动系数	0.10		0.54		0.53					
19	极差										

图 6-33

	B19			× ✓ fx	=MAX(B2:B13)-MIN(B2:B13)					
◢	A	B		C		D	E	F	G	H	I
10	2024年9月	189,353,000		78,808,280		2,467,340					
11	2024年10月	172,312,000		9,101,150		5,737,730					
12	2024年11月	170,832,000		61,518,030		5,337,120					
13	2024年12月	165,189,000		104,102,950		9,270,410					
14											
15		童鞋行业		A行业		B行业					
16	标准差	16,224,911.49		50,770,954.16		4,470,549.90					
17	平均值	162,119,416.67		93,581,721.67		8,380,528.33					
18	波动系数	0.10		0.54		0.53					
19	极差	68,246,000.00		163,065,750.00		17,012,140.00					

图 6-34

STEP 07 选择 A18:D19 单元格区域，以此为数据源创建组合图，其中波动系数数据系列对应的图表类型为折线图，且数据系列以"次坐标轴"的方式显示；极差数据系列对应的图表类型为柱形图。

STEP 08 选择创建的组合图，在【图表工具图表设计】/【数据】组中单击"选择数据"按钮 🖫，打开"选择数据源"对话框，单击"水平（分类）轴标签"栏下方的 ☑编辑(I) 按钮，打开"轴标签"对话框，拖曳 B15:D15 单元格区域，引用其地址，单击 确定 按钮，如图 6-35 所示。

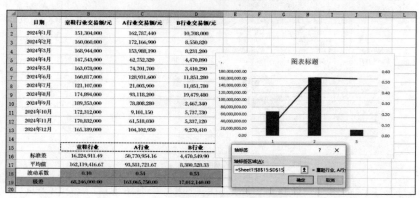

图 6-35

STEP 09 返回"选择数据源"对话框，选择"图例项（系列）"栏下的"极差"，按上述相同操作方法将其轴标签设置为 B15:D15 单元格区域的内容，单击 确定 按钮再次返回"选择数据源"对话框，单

击 确定 按钮，如图 6-36 所示。

	A	B	C	D	E	F	G	H	I	J	K	L
1	日期	童鞋行业交易额/元	A行业交易额/元	B行业交易额/元								
2	2024年1月	151,304,000	162,787,440	10,708,000								
3	2024年2月	160,060,000	172,166,900									
4	2024年3月	168,944,000	153,988,190									
5	2024年4月	147,543,000	62,752,320									
6	2024年5月	163,078,000	74,701,700									
7	2024年6月	160,817,000	128,931,600									
8	2024年7月	121,107,000	21,003,900									
9	2024年8月	174,894,000	93,118,200									
10	2024年9月	189,353,000	78,808,280									
11	2024年10月	172,312,000	9,101,150									
12	2024年11月	170,832,000	61,518,030									
13	2024年12月	165,189,000	104,102,950									
14												
15		童鞋行业	A行业									
16	标准差	16,224,911.49	50,770,954.16									
17	平均值	162,119,416.67	93,581,721.67	8,380,528.33								
18	波动系数	0.10	0.54	0.53								
19	极差	68,246,000.00	163,065,750.00	17,012,140.00								

图 6-36

STEP 10 将图表标题修改为"各行业波动系数与极差对比"，将图表中文字的字体格式设置为"方正兰亭纤黑简体"，并调整图表尺寸至合适。

STEP 11 继续为图表添加横坐标轴、主要纵坐标轴和次要纵坐标轴的标题，将内容分别修改为"行业""极差"和"波动系数"。

STEP 12 为数据系列添加数据标签，位置选择为"轴内侧"，为极差数据系列的数据标签填充绿色底纹，为波动系数数据系列的数据标签填充黄色底纹，效果如图 6-37 所示（配套资源：\效果文件\第 6 章\行业稳定性数据.xlsx）。

由图可知，童鞋行业的波动系数与其他两个行业相比要小许多，稳定性最高。A 行业和 B 行业的波动系数非常接近，但 A 行业的极差最大，说明 A 行业在交易体量非常高的情况下仍然保持着与 B 行业相似的波动系数，稳定性较 B 行业的好。

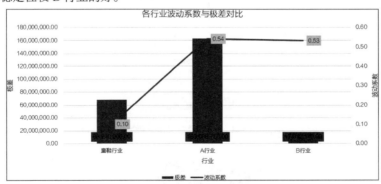

图 6-37

STEP 13 登录 ChatExcel 官方网站，单击 立即使用 → 按钮，如图 6-38 所示。

图 6-38

STEP 14 单击页面右上方的“上传文件”按钮，打开“打开”对话框，选择“访客数与支付转化率.xlsx”素材文件，单击 打开(O) 按钮，如图 6-39 所示。

打开
此电脑 › 桌面
在 桌面 中搜索
组织
新建文件夹
此电脑
3D 对象
视频
图片
文档
下载
音乐
桌面
本地磁盘 (C:)
尺码表.xlsx
访客数与支付转化率.xlsx
行业稳定性数据.xlsx
文件名(N): 行业稳定性数据.xlsx
自定义文件 (*.xlsx;*.xls;*.csv)
打开(O)
取消

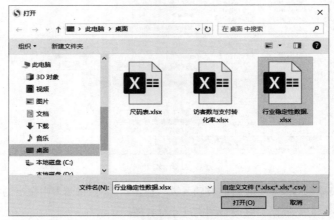

图 6-39

STEP 15 ChatExcel 将加载上传的表格数据，并显示预览效果。在页面右下方的文本框中输入需求，这里请求 ChatExcel 根据交易额数据来分析不同行业的稳定性，单击“提交”按钮或按【Enter】键，如图 6-40 所示。

STEP 16 ChatExcel 将开始分析数据，稍后会将分析结果显示在页面左侧，如图 6-41 所示。查看 ChatExcel 的分析过程和结果，看看与本书的分析方法是否相同。如果不同，思考哪种分析方法相对更好。

上传文件要求说明
最多支持三个文件上传，单个文件最大为6M，支持上传csv、xls、xlsx格式
当前仅支持处理表格前三个有效sheet
行业稳定性数据.xlsx
请根据交易额数据分析不同行业的稳定性。

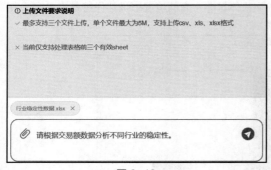

图 6-40

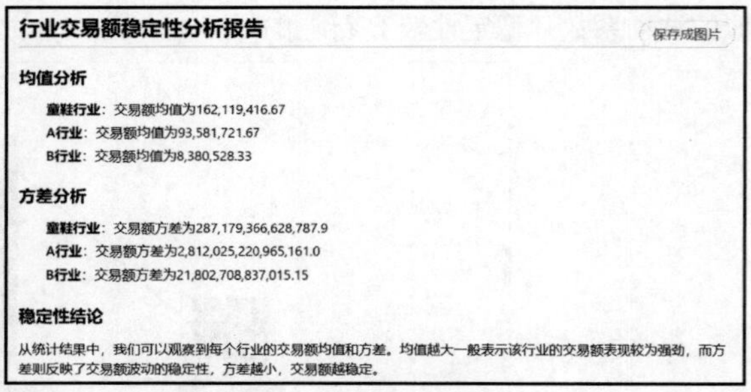

行业交易额稳定性分析报告
保存成图片
均值分析
童鞋行业：交易额均值为162,119,416.67
A行业：交易额均值为93,581,721.67
B行业：交易额均值为8,380,528.33
方差分析
童鞋行业：交易额方差为287,179,366,628,787.9
A行业：交易额方差为2,812,025,220,965,161.0
B行业：交易额方差为21,802,708,837,015.15
稳定性结论
从统计结果中，我们可以观察到每个行业的交易额均值和方差。均值越大一般表示该行业的交易额表现较为强劲，而方差则反映了交易额波动的稳定性，方差越小，交易额越稳定。

图 6-41

行业知识

行业稳定性主要用来衡量一个行业在长期运行过程中所展现的稳健状态。其也可以理解为反映一个行业在多变的经济环境中能够保持相对稳定的程度或能力。行业的稳定性受市场需求的影响，如果一个行业的商品或服务具有持续且不断增长的需求，那么该行业的稳定性会较高。竞争程度也会影响行业的稳定性，如果在一个行业内存在激烈竞争，行业的市场份额不稳定，那么该行业的稳定性会较低。技术创新对行业的发展和稳定性同样有重要影响，一个行业能够持续开展技术创新并适应市场变化，通常能够更好地保持稳定。另外，政策环境、经济周期等也是影响行业稳定性的因素，因此在分析行业稳定性时，应根据实际情况，从不同的角度进行综合分析。

综合实训

6.4.1　借助智谱清言统计并分析男装套装市场数据

企业通过分析市场数据可以更好地了解市场的需求和发展趋势，及时发现市场中的商机和挑战，在做好更充分准备的同时有效提升自身的市场竞争力。市场数据是企业获取市场信息、制定战略决策、提升竞争力的重要依据，对企业的发展具有重要的作用。表 6-1 所示为本次实训的任务单。

表 6-1　借助智谱清言统计并分析男装套装市场数据的任务单

实训背景	某企业在某地经营男装套装业务，为深入地了解近一年当地男装套装各细分市场的容量大小和交易变化趋势，需要分析当地男装套装市场数据
操作要求	（1）清晰体现当地男装套装市场各细分市场全年的交易额； （2）以月份为单位，展示不同细分市场的年交易额走势图
操作思路	（1）利用智谱清言了解男装套装各细分市场的交易额情况； （2）利用数据透视表汇总交易额数据，并创建类型为饼图的数据透视图，对比各细分市场的容量； （3）利用数据透视表汇总月份数据，创建类型为柱形图的数据透视图，插入细分市场切片器，分析各细分市场全年的交易变化趋势
素材位置	配套资源：\素材文件\第 6 章\综合实训\男装套装数据.xlsx
效果位置	配套资源：\效果文件\第 6 章\综合实训\男装套装数据.xlsx
参考效果	

本实训的操作提示如下。

STEP 01 登录智谱清言官方网站，在页面左侧选择"数据分析"选项。

STEP 02 上传"男装套装数据.xlsx"文件，询问智谱清言各细分市场的交易额情况。

STEP 03 打开"男装套装数据.xlsx"素材文件，以表中所有数据为数据源创建数据透视表，将"细分市场"字段拖曳至"行"列表中，将"交易额/元"字段拖曳至"值"列表中。

STEP 04 在数据透视表的基础上创建数据透视图，类型为饼图，删除图表标题和图例，将图表中文字的字体格式设置为"方正兰亭纤黑简体"，字号为"10"，并调整图表尺寸至合适。

视频教学：
借助智谱清言
统计并分析男
装套装市场数据

STEP 05 将饼图的数据系列降序排列，然后将每个扇区填充为不同的绿色。

STEP 06 添加数据标签，将标签显示内容设置为"类别名称""百分比""显示引导线"，并适当调整各标签的位置。根据最终的图表效果分析男装套装各细分市场的容量大小。

STEP 07 切换到"Sheet1"工作表，以表中所有数据为数据源创建数据透视表，将"月份"字段拖曳至"行"列表中，将"交易额/元"字段拖曳至"值"列表中，调整数据透视表中数据记录的显示位置（提示：选中对应的行号，然后拖曳所选区域边框调整合适位置即可）。

STEP 08 在数据透视表的基础上创建数据透视图，类型为折线图，删除图表标题和图例，将图表中文字的字体格式设置为"方正兰亭纤黑简体"，字号为"10"，并调整图表尺寸。

STEP 09 将数据系列的颜色设置为绿色，粗细设置为"0.25 磅"。

STEP 10 添加横坐标轴和纵坐标轴的标题，内容分别为"月份"和"交易额/元"。

STEP 11 插入"细分市场"切片器，在其中选择不同细分市场对应的信息，分析图表中该市场的年交易额变化趋势。

6.4.2 分析男装套装行业数据

企业对行业数据进行分析，能够更深入地了解行业的竞争程度和行业稳定性等情况，从而在选择子行业时更有针对性。表 6-2 所示为本次实训的任务单。

表 6-2 分析男装套装行业数据的任务单

实训背景	某企业收集了当地男装套装行业中交易额排在前 50 位的品牌和对应的销售额数据，并重点收集了休闲运动套装和工装制服这两个子行业全年各月的交易额数据，一是要了解整个男装套装行业的竞争是否激烈，二是要重点考察休闲运动套装和工装制服这两个子行业的行业稳定性
操作要求	（1）利用赫芬达尔指数分析男装套装行业的集中度； （2）使用波动系数和极差分析休闲运动套装和工装制服这两个子行业的行业稳定性
操作思路	（1）依次计算当地男装套装行业的市场份额平方值、行业集中度和行业集中度倒数，以此分析行业的竞争程度； （2）分别计算休闲运动套装和工装制服这两个子行业的标准差、平均值、波动系数和极差，并对比这两个子行业的行业稳定性
素材位置	配套资源：\素材文件\第 6 章\综合实训\男装套装数据 02.xlsx
效果位置	配套资源：\效果文件\第 6 章\综合实训\男装套装数据 02.xlsx
参考效果	

C	D	E	F
市场份额	**市场份额平方值**	**行业集中度**	**行业集中度倒数**
0.030319349	0.000919263	0.02200255	45.44927808
0.029399948	0.000864357		
0.028926704	0.000836754		
0.028728266	0.000825313		
0.028279603	0.000799736		
0.028263972	0.000798852		
0.027877	0.000777127		
0.02740662	0.000751123		
0.026719426	0.000713928		
0.026381736	0.000695996		
0.02611385	0.000681933		
0.025432026	0.000646788		
0.025279767	0.00063967		
0.025201967	0.000635139		
0.025103524	0.000630187		
0.0248601	0.000618025		
0.024569901	0.00060368		
0.023931869	0.000572734		
0.023767081	0.000564874		
0.023262932	0.000541164		
0.022155236	0.000490854		

D	E	F	G	H
	休闲运动套装	**工装制服**		
标准差	726,257	627,305		
平均值	3,389,561	2,895,594		
波动系数	0.21	0.22		
极差	2,472,128	2,478,704		

本实训的操作提示如下。

STEP 01 打开"男装套装数据 02.xlsx"素材文件，在"集中度"工作表中使用公式"=C2^2"计算品牌 1 的市场份额平方值，然后填充公式计算其他品牌的市场份额平方值。

STEP 02 利用公式"=SUM(D2:D51)"计算所有品牌的行业集中度。

STEP 03 利用公式"=1/E2"计算所有品牌的行业集中度的倒数，分析整个男装套装行业的竞争情况，说明有多少品牌占据了这 50 个品牌的主要份额。

STEP 04 在"稳定性"工作表中利用 STDEV.P 函数计算各子行业交易额的标准差。

STEP 05 利用 AVERAGE 函数计算各子行业交易额的平均值。

STEP 06 利用公式"标准差/平均值"计算各子行业的波动系数。

STEP 07 利用 MAX 函数和 MIN 函数计算各子行业的极差。通过对比波动系数和极差的大小分析两个子行业的行业稳定性。

视频教学：
分析男装套装
行业数据

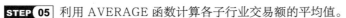

6.5 课后练习

练习 1　分析女鞋各细分市场的潜力

【操作要求】分析女鞋各细分市场在 2024 年每月的市场潜力。

【操作提示】利用表格中的数据创建数据透视表，然后利用现有字段新建"蛋糕指数"字段，创建雷达图并插入"月份"切片器，分析不同月份各细分市场的市场潜力，参考效果如图 6-42 所示。

【素材位置】配套资源：\素材文件\第 6 章\课后练习\女鞋数据.xlsx。

【效果位置】配套资源：\效果文件\第 6 章\课后练习\女鞋数据.xlsx。

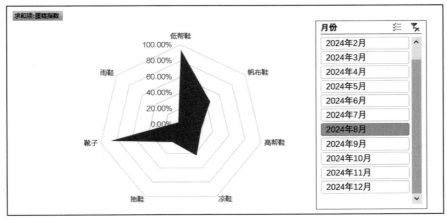

图 6-42

练习 2　借助 ChatExcel 分析女鞋各子行业的前景

【操作要求】分析女鞋各子行业在 2024 年 9 月相对于 8 月的行业前景。

【操作提示】借助 ChatExcel 计算 2024 年 9 月各子行业的市场份额占比和交易额增长率，将得到的结果复制到 Excel 2019 中，然后以这两个指标的数据为数据源创建散点图，调整横坐标轴和纵坐标轴的位置，设置数据标签的显示内容，通过波士顿矩阵分析该时期女鞋各子行业的前景，参考效果如图 6-43 所示。

【素材位置】配套资源：\素材文件\第 6 章\课后练习\女鞋数据 02.xlsx。

【效果位置】配套资源：\效果文件\第 6 章\课后练习\女鞋数据 02.xlsx。

图 6-43

第 **7** 章　竞争对手数据分析

　　分析竞争对手数据是企业开展商务数据分析的重点内容。通过分析竞争对手数据，企业可以更全面地了解市场环境和自身在市场中的竞争优势和劣势，为制订营销策略提供有力的支持；可以更好地应对市场的变化，发现各种潜在的机会；可以提高自身创新能力和市场竞争力，从而获得更好的商业收益；可以了解竞争对手的运营策略和具体的运营措施，通过学习对方的优点来提升自身的竞争力……

📖 **学习要点**

◎ 了解竞争对手的类型。

◎ 掌握动销率与售罄率的概念和计算方法。

◎ 了解商品销售贡献的应用。

◇ **素养目标**

◎ 培养健康、积极、理性的竞争意识。

◎ 提高竞争战略规划方面的能力。

▨ **扫码阅读**

案例欣赏　　　　　　课前预习

案例要求

　　某经营童鞋的企业为了提高自身的竞争力，并在与竞争对手的竞争中占得先机，需要了解当地主要竞争对手的运营情况，包括竞争商品的交易情况、竞争企业的整体销售情况、竞争企业的商品销售贡献情况、主要竞争商品的销售情况等。现需要该企业的数据分析部门利用收集到的相关数据对上述情况进行分析并得出结论，为企业制订新的运营策略提供有利依据。图 7-1 所示为本案例的部分数据分析效果展示。

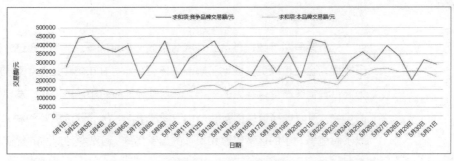

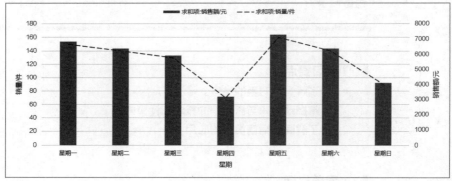

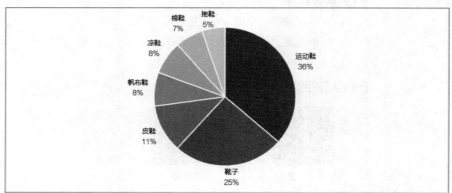

图 7-1

案例准备

本案例的分析内容主要涉及竞争对手各方面的运营数据，包括品牌数据、企业销售数据和商品数据等，同时会涉及一些指标和概念，如动销率、售罄率、销售贡献等。除此以外，认识竞争对手的类型有助于企业更好地识别竞争对手，这是在实际操作前需要了解的。

7.2.1　竞争对手的类型

竞争对手之间的竞争性主要体现在对市场资源的争夺上。市场资源除常见的市场份额、订单、客户等经营要素资源之外，还包括人力资源、优惠政策、上市名额、专营许可、荣誉称号、资质认定等竞争性资源。因此，与一个企业处于完全不同专业领域的企业都有可能成为这个企业的竞争对手，即企业在各个方面都可能面临其他企业的竞争。企业的竞争对手一般可以分为 3 类，即与企业竞争共同市场的长期固定竞争对手，在经营活动中与企业有局部竞争的局部竞争对手，以及就某一特定资源与企业有竞争的暂时性竞争对手，如图 7-2 所示。

图 7-2

7.2.2　动销率与售罄率

企业在分析竞争企业的销售情况时，一方面，可以从基础的数据指标（如销售额、销售品种数、销量等）查看其整体的销售水平；另一方面，可以借助动销率和售罄率指标来更深入地分析其销售质量。

动销率是指在一定周期内有销量的商品品种数与全部上架销售的商品总品种数的比率，可以用来反映商品品种的有效性。动销率越高，有效的商品品种越多；动销率越低，无效的商品品种越多。企业可以根据动销率调整经营的商品品种。

售罄率是指企业的商品的销售数量占生产数量或进货数量的比例，可以用来衡量商品的销售速度，查看商品在市场上受欢迎的程度。售罄率与生产数量或进货数量有很大的关系。在相同生产数量或进货数量的情况下，售罄率越高，商品的销售情况越好；售罄率越低，商品的销售情况越差。

7.2.3 商品销售贡献

商品销售贡献是指在特定时期内，某个商品对企业销售额和利润的贡献程度。商品销售贡献的计算公式：销售贡献=销售收入–可变成本。

该公式中，销售收入指的是某个商品在特定时期内实际的销售额；可变成本指的是该商品在销售过程中相关的支出，如采购成本、运输成本、促销费用等。例如，某商品在一个月内的实际销售额为 10000元，其可变成本为 3000 元，那么该商品的销售贡献就是 7000 元。这说明该商品对企业当月的销售额和利润的贡献为 7000 元。

通常来说，企业会按照每个商品的销售贡献来制订商品组合、促销策略等方面的决策。对于销售贡献较高的商品，企业可以加大宣传力度、加强库存管理等，以便最大化其贡献能力；对于销售贡献较低的商品，企业则可以采取降价、清仓等方式，或调整其定位和目标客户群体，以便提高其销售贡献能力。

7.3 案例操作

7.3.1 分析竞争品牌交易数据

分析竞争品牌的交易数据，并与本品牌的交易数据进行对比，可以直观地了解不同品牌的交易情况。本案例收集了本企业运营的品牌和某竞争品牌在 5 月份的交易数据。下面在 Excel 2019 中利用这些数据并结合数据透视图，分析竞争品牌的交易变化趋势，并对比本品牌和竞争品牌的交易表现。其具体操作如下。

视频教学：
分析竞争品牌
交易数据

STEP 01 打开"竞争品牌数据.xlsx"素材文件（配套资源：\素材文件\第 7 章\竞争品牌数据.xlsx），以表中所有数据为数据源，在新工作表中创建数据透视表，将"日期"字段添加到"行"列表中，将"竞争品牌交易额/元"字段添加到"值"列表中，如图 7-3 所示。

图 7-3

STEP 02 按前文所述方法，在数据透视表的基础上创建数据透视图，类型为折线图。按前文所述方法，删除图表标题和图例，将图表中文字的字体格式设置为"方正兰亭纤黑简体"，并调整图表尺寸至合适，效果如图 7-4 所示。

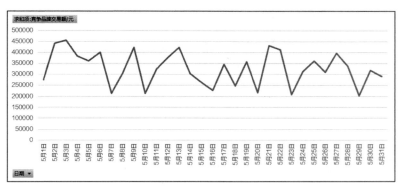

图 7-4

STEP 03 按前文所述方法，为图表添加横坐标轴和纵坐标轴标题，将内容分别修改为"日期"和"交易额/元"，并调整坐标轴标题的位置至合适。将数据系列的线条设置为"绿色""0.25 磅"，效果如图 7-5 所示。

由图可知，该竞争品牌 5 月份的交易额为 200000～450000 元，且每日的交易额呈现较大的波动。进一步分析可以发现，当该竞争品牌的日交易额接近 200000 元时，次日的交易额往往呈现增长趋势，说明该竞争企业的纠错能力很强，可以通过快速调整促使交易额回升。

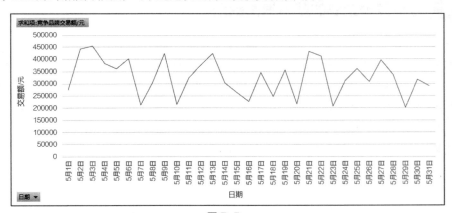

图 7-5

STEP 04 在"数据透视图字段"任务窗格中将"本品牌交易额/元"字段添加到"值"列表中，在数据透视图中选择本品牌交易额对应的数据系列，将其线条设置为"橙色""0.25 磅""虚线-长画线"。

STEP 05 按前文所述方法，在图表顶部添加图例对象，并适当调整图例的位置和折线图的大小，如图 7-6 所示（配套资源：\效果文件\第 7 章\竞争品牌数据.xlsx）。

由图可知，本品牌 5 月份的交易额为 100000～300000 元，与竞争品牌相比交易体量更小。但是，本品牌的交易额数据在 5 月是呈稳步上升的，5 月底已经接近了竞争品牌的交易额，说明本品牌越来越得到市场的认可，竞争力日益提升。

扫一扫：
高清彩图

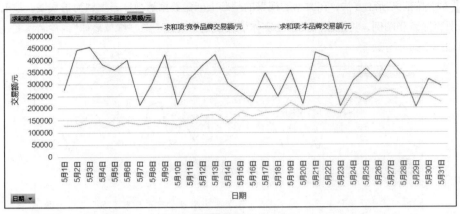

图 7-6

在图 7-6 所示数据透视图中，如果只想显示某个期间的交易额走势，可以单击左下角的 日期 ▼ 下拉按钮，在弹出的下拉列表中勾选该期间对应的多个日期复选框，单击 确定 按钮。例如，若想查看 5 月第一周竞争品牌和本品牌交易额的走势情况，可单击 日期 ▼ 下拉按钮，在弹出的下拉列表中仅勾选 5 月 1 日—5 月 7 日对应的 7 个复选框，然后单击 确定 按钮，此时数据透视图便将仅显示这 7 天内的交易额走势。

7.3.2 分析竞争企业的整体销售数据

分析竞争企业的销售数据，可以了解该企业的整体销售情况。本案例收集了竞争企业 1—7 月的销售数据，包括销售额、销售品种数、品种总数、销量、进货量等。下面在 Excel 2019 中利用这些数据分析该企业的销售情况。其具体操作如下。

STEP 01 打开"竞争企业销售数据.xlsx"素材文件（配套资源：\素材文件\第 7 章\竞争企业销售数据.xlsx），在 G1 单元格中输入"动销率"，选择 G2:G8 单元格区域，在编辑框中输入"=C2/D2"，按【Ctrl+Enter】组合键计算 1—7 月的动销率，如图 7-7 所示。

视频教学：
分析竞争企业的
整体销售数据

月份	销售额/元	销售品种数/种	品种总数/种	销量/件	进货量/件	动销率
1月	264647.4	221	411	477	1142	53.8%
2月	286186.4	210	440	504	1384	47.7%
3月	273350.4	196	441	411	1405	44.4%
4月	663701.4	310	427	934	1465	72.6%
5月	610338.6	297	452	941	1495	65.7%
6月	723704	291	473	925	1120	61.5%
7月	1207066.4	364	482	1888	4102	75.5%

图 7-7

STEP 02 在 H1 单元格中输入 "售罄率"，选择 H2:H8 单元格区域，在编辑框中输入 "=E2/F2"，按【Ctrl+Enter】组合键计算 1—7 月的售罄率，如图 7-8 所示。

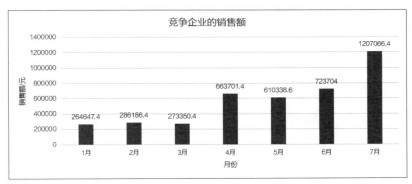

图 7-8

STEP 03 按前文所述方法，以月份和销售额数据为数据源创建柱形图，将图表标题修改为 "竞争企业的销售额"，添加横坐标轴和纵坐标轴标题，将内容分别修改为 "月份" 和 "销售额/元"，在数据系列外侧添加数据标签，将图表中文字的字体格式设置为 "方正兰亭纤黑简体"，并调整图表尺寸至合适，如图 7-9 所示。

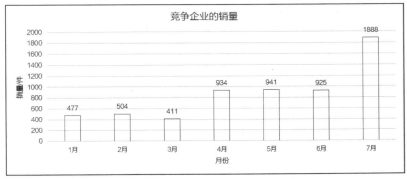

图 7-9

STEP 04 按上述方法，以月份和销量数据为数据源创建柱形图，将图表标题修改为 "竞争企业的销量"，添加横坐标轴和纵坐标轴标题，将内容分别修改为 "月份" 和 "销量/件"，在数据系列外侧添加数据标签，将数据系列的边框颜色设置为 "绿色"，填充颜色设置为 "无颜色"，将图表中文字的字体格式设置为 "方正兰亭纤黑简体"，并调整图表尺寸至合适，如图 7-10 所示。

图 7-10

STEP 05 按上述方法，以月份和动销率数据为数据源创建折线图，将图表标题修改为"竞争企业的动销率"，添加横坐标轴和纵坐标轴标题，将内容分别修改为"月份"和"动销率"，在数据系列上方添加数据标签，将数据系列的线条设置为"绿色""1 磅"，将图表中文字的字体格式设置为"方正兰亭纤黑简体"，并调整图表尺寸至合适，如图 7-11 所示。

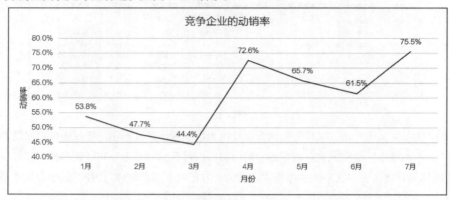

图 7-11

STEP 06 按上述方法，以月份和售罄率数据为数据源创建折线图，将图表标题修改为"竞争企业的售罄率"，添加横坐标轴和纵坐标轴标题，将内容分别修改为"月份"和"售罄率"，在数据系列上方添加数据标签，将数据系列的线条设置为"橙色""1 磅""虚线-长画线"，将图表中文字的字体格式设置为"方正兰亭纤黑简体"，并调整图表尺寸至合适，如图 7-12 所示。

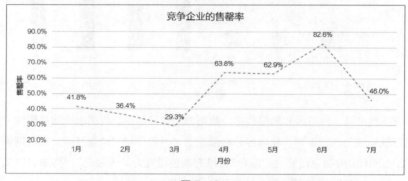

图 7-12

STEP 07 将创建的 4 张图表放在一起，如图 7-13 所示（配套资源：\效果文件\第 7 章\竞争企业销售数据.xlsx）。

由图可知，该竞争企业 1—3 月的销售额和销量相对较低，4—6 月的则上升明显，7 月的又有大幅增长，近 7 个月的销售额和销量呈逐渐上升的趋势；从动销率来看，该竞争企业近 7 个月的动销率从 53.8% 增加到 75.5%，说明其在商品类目运营方面取得了不错的成绩，所经营的大部分商品能够得到市场的认可，该竞争企业可以保持目前的运营策略，甚至还可以进一步添加新的商品类目，扩大经营范围；从售罄率来看，该竞争企业近 7 个月的售罄率波动较大，除了 6 月的售罄率高于 80% 以外，其他各月的售罄率都相对较低，这说明企业的进货量远大于销量，但考虑到该企业的整体销售趋势不断增长，以及越来越多的商品被市场认可，这种大进货量的策略在未来一段时间可能会进一步推动销售业绩的提升。

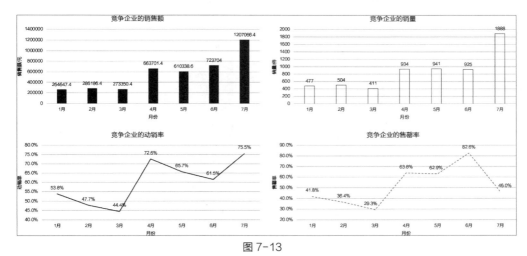

图 7-13

7.3.3　借助文心一言计算并分析竞争企业的商品销售贡献

通过分析竞争企业的商品销售贡献，企业可以了解竞争企业的商品构成情况，了解哪些商品类目受市场欢迎及哪些商品类目不受市场欢迎等，从而便于本企业调整自身商品类目，如为受市场欢迎的商品类目增加细分种类和商品数量，减少或暂时淘汰不受市场欢迎的商品等。本案例收集了近 7 日竞争企业销量较高的 25 种商品的销售数据。下面利用文心一言了解销售贡献的含义和计算公式，然后在 Excel 2019 中分析这些商品的销售贡献情况。其具体操作如下。

视频教学：
借助文心一言
计算并分析竞争
企业的商品销售
贡献

STEP 01 登录文心一言官方网站，在文本框中输入需求内容并提交，这里询问销售贡献的含义，并询问已知销售额和成本，能否计算出销售贡献。文心一言反馈的信息如图 7-14 所示。

> 销售贡献的含义是什么？当知道商品的销售额和成本时，能否计算出该商品的销售贡献？
>
> 首先，我们来理解销售贡献的含义。销售贡献是一个经济术语，通常用于评估某一产品或服务对公司整体盈利的贡献程度。它主要关注的是产品或服务在销售过程中为公司带来的利润或收入增量，而不仅仅是其销售额。销售贡献的分析有助于企业识别哪些产品或服务是盈利的主要驱动力，从而为未来的产品策略、市场推广和资源配置提供重要依据。
>
> 接下来，我们探讨是否可以通过商品的销售额和成本来计算其销售贡献。理论上，销售贡献可以通过多种方式计算，但最常见且直接的方法是使用以下公式：
>
> 销售贡献 = 销售额 - 变动成本

图 7-14

STEP 02 打开"竞争企业商品贡献数据.xlsx"素材文件（配套资源：\素材文件\第 7 章\竞争企业商品贡献数据.xlsx），选择 F2:F26 单元格区域，在编辑框中输入"=D2*E2"，按【Ctrl+Enter】组合键计算各商品近 7 日的销售额，如图 7-15 所示。

STEP 03 选择 H2:H26 单元格区域，在编辑框中输入"=F2-G2"，按【Ctrl+Enter】组合键计算各商品近 7 日的销售贡献，如图 7-16 所示。

	F2	▼	:	×	✓	fx	=D2*E2	

	A	B	C	D	E	F	G	H
1	序号	商品	类目	单价/元	销量/件	销售额/元	可变成本/元	销售贡献/元
2	1	商品1	靴子	309	456	140904.0	4386.0	
3	2	商品2	皮鞋	199	562	111838.0	24242.0	
4	3	商品3	拖鞋	59	382	22538.0	1313.0	
5	4	商品4	拖鞋	80	521	41680.0	1657.0	
6	5	商品5	运动鞋	319	254	81026.0	5279.0	
7	6	商品6	运动鞋	498	659	328182.0	5258.0	
8	7	商品7	棉鞋	158	191	30178.0	5860.0	
9	8	商品8	运动鞋	428	663	283764.0	3245.0	
10	9	商品9	棉鞋	99	312	30888.0	6468.0	
11	10	商品10	棉鞋	188	422	79336.0	3078.0	
12	11	商品11	皮鞋	299	363	108537.0	4019.0	
13	12	商品12	皮鞋	208	149	30992.0	2774.0	
14	13	商品13	拖鞋	99	285	28215.0	3536.0	
15	14	商品14	帆布鞋	159	376	59784.0	1566.0	
16	15	商品15	拖鞋	45	469	21105.0	3545.0	
17	16	商品16	运动鞋	398	106	42188.0	6786.0	
18	17	商品17	凉鞋	159	550	87450.0	2486.0	
19	18	商品18	靴子	548	433	237284.0	5333.0	
20	19	商品19	帆布鞋	190	160	30400.0	3709.0	
21	20	商品20	帆布鞋	189	170	32130.0	6062.0	
22	21	商品21	凉鞋	89	149	13261.0	1127.0	

图 7-15

		▼	:	×	✓	fx	=F2-G2	

	A	B	C	D	E	F	G	H	I
	序号	商品	类目	单价/元	销量/件	销售额/元	可变成本/元	销售贡献/元	
	1	商品1	靴子	309	456	140904.0	4386.0	136518.0	
	2	商品2	皮鞋	199	562	111838.0	24242.0	87596.0	
	3	商品3	拖鞋	59	382	22538.0	1313.0	21225.0	
	4	商品4	拖鞋	80	521	41680.0	1657.0	40023.0	
	5	商品5	运动鞋	319	254	81026.0	5279.0	75747.0	
	6	商品6	运动鞋	498	659	328182.0	5258.0	322924.0	
	7	商品7	棉鞋	158	191	30178.0	5860.0	24318.0	
	8	商品8	运动鞋	428	663	283764.0	3245.0	280519.0	
	9	商品9	棉鞋	99	312	30888.0	6468.0	24420.0	
	10	商品10	棉鞋	188	422	79336.0	3078.0	76258.0	
	11	商品11	皮鞋	299	363	108537.0	4019.0	104518.0	
	12	商品12	皮鞋	208	149	30992.0	2774.0	28218.0	
	13	商品13	拖鞋	99	285	28215.0	3536.0	24679.0	

图 7-16

STEP 04 按前文所述方法，以表格中所有的数据为数据源，在新工作表中创建数据透视表，将"类目"字段添加到"行"列表中，将"销售贡献/元"字段添加到"值"列表中，如图 7-17 所示。

图 7-17

STEP 05 按前文所述方法，在数据透视表的基础上创建数据透视图，类型为饼图，删除图表标题和图例，降序排列饼图的扇区。在【数据透视图工具设计】/【图表样式】组中单击"更改颜色"按钮，在弹出的下拉列表中选择"单色"栏下的第 4 种颜色，如图 7-18 所示。

STEP 06 按前文所述方法，添加数据标签，将标签的显示内容设置为"类别名称""百分比""显示引导线"，将图表中文字的字体格式设置为"方正兰亭纤黑简体"，并调整图表尺寸至合适，效果如图 7-19 所示（配套资源：\效果文件\第 7 章\竞争企业商品贡献数据.xlsx）。

　　由图可知，该竞争企业近 7 日内，做出主要销售贡献的商品类目是运动鞋和靴子，销售贡献占比分别达到了 36%和 25%。如果竞争企业的商品在质量、价格方面与本企业的商品相差无几，则说明这两种类目的商品在这段时间能够更好地被市场认可，因此本企业一方面可以考虑增加这两类商品的销售力度，另一方面可以适度减小拖鞋、棉鞋等销售贡献占比小的商品的销售力度。

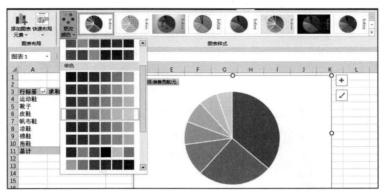

图 7-18

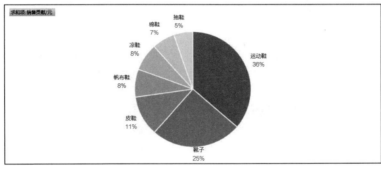

图 7-19

行业知识

　　良性竞争和恶性竞争是两种竞争行为，在企业经营和市场竞争中具有不同的影响和结果。良性竞争是指企业在市场竞争中遵守法律和商业道德，通过提高商品质量、合理控制价格、提升服务水平等正当手段争夺市场份额。良性竞争鼓励企业不断创新，不断提高商品和服务质量，从而促进行业整体发展。这种竞争有利于消费者，使消费者可以在更好的商品质量、更合理的价格和更优质的服务中受益。恶性竞争是指企业采取不正当手段，如垄断、抹黑竞争对手、恶意压价等来获取竞争优势。恶性竞争可能导致市场混乱，影响消费者利益，甚至破坏市场秩序。恶性竞争既不利于行业长期健康发展，也不利于企业自身的可持续发展，可能带来负面的社会和经济影响。

7.3.4 分析竞争商品的销售高峰

　　分析竞争商品的销售高峰，可以帮助企业明确该商品在哪些时间段的销售表现最为突出，从而避免本企业的商品在这些时间段内进行推广，影响商品的销售效果。本案例采集了某主要竞争商品近一个月的销量和销售额数据。下面将一周 7 天作为 7 个时间段，在 Excel 2019 中以周为周期汇总近一个月内该竞争商品在各时间段内的销售额和销量，找到该商品的销售高峰。其具体操作如下。

STEP 01 打开"竞争商品销售数据.xlsx"素材文件（配套资源：\素材文件\第 7 章\竞争商品销售数据.xlsx），在 B 列列标上单击鼠标右键，在弹出的快捷菜单中选择"插入"命令，然后在插入的 B1 单元格中输入"星期"。

STEP 02 选择 B2:B31 单元格区域，在编辑框中输入"=TEXT(A2,"AAAA")"，表示根据日期返回对应的星期数据，按【Ctrl+Enter】组合键返回结果，效果如图 7-20 所示。

日期	星期	销量/件	销售额/元
2024/6/1	星期六	60	2736
2024/6/2	星期日	10	456
2024/6/3	星期一	10	456
2024/6/4	星期二	50	2280
2024/6/5	星期三	30	1368
2024/6/6	星期四	0	0
2024/6/7	星期五	40	1824
2024/6/8	星期六	30	1368
2024/6/9	星期日	0	0
2024/6/10	星期一	130	5928
2024/6/11	星期二	0	0
2024/6/12	星期三	80	3648
2024/6/13	星期四	10	456
2024/6/14	星期五	60	2736
2024/6/15	星期六	0	0
2024/6/16	星期日	50	2280

图 7-20

STEP 03 按前文所述方法，以表格中所有的数据为数据源，在新工作表中创建数据透视表，将"星期"字段添加到"行"列表中，将"销量/件"字段和"销售额/元"字段添加到"值"列表中。

STEP 04 选择数据透视表中星期日数据记录所在行，拖曳所选单元格区域的下边框至"总计"行上方，调整各行数据的显示顺序，如图 7-21 所示。

行标签	求和项:销量/件	求和项:销售额/元
星期一	150	6840
星期二	140	6384
星期三	130	5928
星期四	70	3192
星期五	160	7296
星期六	140	6384
星期日	90	4104
总计	880	40128

图 7-21

STEP 05 按前文所述方法，在数据透视表的基础上创建数据透视图，类型为组合图。其中，销量数据系列对应的图表类型设置为"折线图"；销售额数据系列对应的图表类型设置为"簇状柱形图"，对应的轴设置为"次坐标轴"。

STEP 06 按前文所述方法，将图例对象调整至图表顶部，添加横坐标轴、主要纵坐标轴和次要纵坐标轴的标题，将内容分别修改为"星期""销量/件"和"销售额/元"。

STEP 07 按前文所述方法，将销量数据系列的线条设置为"1 磅""虚线-长画线"，将图表中文字的字体格式设置为"方正兰亭纤黑简体"，并调整图表尺寸至合适，效果如图 7-22 所示（配套资源：\效果文件\第 7 章\竞争商品销售数据.xlsx）。

由图可知，近一个月内该竞争商品在星期四和星期日两个时间段内的销售数据相对较差，而星期一和星期五则是销售高峰时间段，其他时间段的销售表现也较为不错。如果本企业的商品需要开展推广和销售，可以考虑在星期四或星期日。

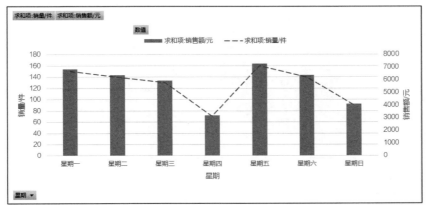

图 7-22

7.4 综合实训

7.4.1 分析男装竞争企业销售数据

分析竞争企业的销售数据可以了解该企业的销售情况，如整体销售业绩的优劣、各类商品的销售表现等。通过分析，企业可以了解市场需求、竞争企业的销售策略，从而能够及时调整销售策略。表 7-1 所示为本次实训的任务单。

表 7-1　分析男装竞争企业销售数据的任务单

实训背景	某男装企业收集了其主要竞争企业近一年的商品进货、销量和单价数据，现需要利用这些数据分析该竞争企业的商品销售额结构，并分析占比最大的商品的售罄率，以便深入了解该竞争企业的销售情况
操作要求	（1）计算竞争企业各商品的销售额和售罄率数据； （2）按商品类目分析各类商品的销售额占比； （3）通过销售额占比分析占比最大的商品的售罄率数据

操作思路	（1）利用销量和单价数据计算销售额；利用进货量和销量数据计算售罄率； （2）创建数据透视表，汇总不同商品类目的销售额，然后创建数据透视图，以饼图的形式分析各类目商品的销售额占比； （3）以休闲裤商品的名称和售罄率为数据源创建条形图，分析各休闲裤商品的售罄率
素材位置	配套资源：\素材文件\第 7 章\综合实训\竞争企业数据.xlsx
效果位置	配套资源：\效果文件\第 7 章\综合实训\竞争企业数据.xlsx
参考效果	

本实训的操作提示如下。

STEP 01 打开"竞争企业数据.xlsx"素材文件，在 G2 单元格中输入公式"=F2*E2"计算销售额，然后填充公式计算其他商品的销售额。

STEP 02 在 H2 单元格中输入公式"=E2/D2"计算售罄率，然后填充公式计算其他商品的售罄率。

STEP 03 以表格中所有的数据为数据源创建数据透视表，在"行"列表中添加"商品类目"字段，在"值"列表中添加"销售额/元"字段。

STEP 04 在数据透视表的基础上创建数据透视图，类型为饼图。删除图表标题和图例，将图表中文字的字体格式设置为"方正兰亭纤黑简体"，字号设置为"10"，降序排列饼图扇区，为数据系列应用不同绿色的填充效果。

STEP 05 添加数据标签，内容为"类别名称""百分比""显示引导线"，调整图表大小，分析各类商品的销售额占比情况。

STEP 06 返回 Sheet1 工作表，按商品类目排序数据，以休闲裤商品的名称和售罄率数据为数据源创建条形图，将图表标题修改为"休闲裤商品售罄率"，添加横坐标轴标题和纵坐标轴标题，将内容分别修改为"售罄率"和"商品名称"。

STEP 07 添加数据标签，将数据系列的填充颜色设置为"绿色"，将图表中文字的字体格式设置为"方正兰亭纤黑简体"。

STEP 08 调整图表尺寸至合适，分析各休闲裤商品的售罄率数据。

视频教学：分析男装竞争企业销售数据

7.4.2 借助 Excel AI 分析男装竞争商品数据

分析竞争商品数据能够了解该商品的销售数据和市场表现，对企业调整商品布局和销售策略有积极影响。表 7-2 所示为本次实训的任务单。

表 7-2　借助 Excel AI 分析男装竞争商品数据的任务单

实训背景	某企业连续跟踪了主要竞争商品一个月的销售数据，收集了该商品近一个月每日的销量和销售额数据，现需要利用这些数据分析该商品近一个月的销量走势，并分析该商品的销售高峰时间段
操作要求	（1）分析该商品近一个月的销量走势情况； （2）分析该竞争商品的销售高峰时间段
操作思路	（1）利用 Excel AI 分析竞争商品近一个月的销售变化情况； （2）以日期和销量数据为数据源创建折线图，分析该商品的销量走势； （3）利用 TEXT 函数转换日期为星期，创建数据透视表，汇总各时间段销售额，创建数据透视图分析销售高峰时间段
素材位置	配套资源：\素材文件\第 7 章\综合实训\竞争商品数据.xlsx
效果位置	配套资源：\效果文件\第 7 章\综合实训\竞争商品数据.xlsx
参考效果	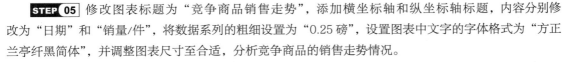

实训的操作提示如下。

视频教学：
借助 Excel AI
分析男装竞争
商品数据

STEP 01 打开"竞争商品数据.xlsx"素材文件，利用 Excel AI 的数据分析功能分析竞争商品近一个月的销量变化情况。

STEP 02 在 D 列创建"星期"项目，利用公式"=TEXT(A2,"AAAA")"转换日期数据为星期数据。

STEP 03 以日期和销量数据为数据源建立折线图，在 E 列填充 1~31 的数据，将横坐标的轴标签调整为 1~31，简化图表内容。

STEP 04 双击横坐标轴，单击选中坐标轴类型栏下的"日期坐标轴"单选项，将"单位"栏下"大"文本框中的数值修改为"2"，调整横坐标轴上显示的日期间隔。

STEP 05 修改图表标题为"竞争商品销售走势"，添加横坐标轴和纵坐标轴标题，内容分别修改为"日期"和"销量/件"，将数据系列的粗细设置为"0.25 磅"，设置图表中文字的字体格式为"方正兰亭纤黑简体"，并调整图表尺寸至合适，分析竞争商品的销售走势情况。

STEP 06 以表格中所有的数据为数据源创建数据透视表，在"行"列表中添加"星期"字段，在"值"列表中添加"销售额/元"字段，将数据透视表中星期日对应的数据记录调整到星期六数据记录的下方。

STEP 07 在数据透视表的基础上创建数据透视图，类型为柱形图，修改图表标题为"竞争商品销售额"，添加横坐标轴和纵坐标轴标题，内容分别修改为"星期"和"销售额/元"，设置图表中文字的字体格式为"方正兰亭纤黑简体"，并调整图表尺寸至合适，分析竞争商品的销售高峰时间段。

7.5 课后练习

练习 1　使用 Excel AI 计算数据并分析女鞋市场竞争企业的商品销售贡献

【操作要求】利用柱形图对比该竞争企业不同类目商品的销售贡献。

【操作提示】使用 Excel AI 计算销售额和销售贡献，创建数据透视表和数据透视图，分析不同类目商品的销售贡献，参考效果如图 7-23 所示。

【素材位置】配套资源：\素材文件\第 7 章\课后练习\竞争企业数据.xlsx。

【效果位置】配套资源：\效果文件\第 7 章\课后练习\竞争企业数据.xlsx。

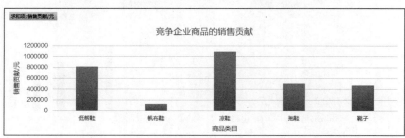

图 7-23

练习 2　分析女鞋市场竞争商品的销量走势

【操作要求】利用折线图分析竞争商品近一个月的销量走势情况。

【操作提示】以表格中的数据为数据源创建折线图，新建填充 1~31 的数据区域，将其引用为横坐标轴的轴标签，简化图表，分析该商品的销量走势，参考效果如图 7-24 所示。

【素材位置】配套资源：\素材文件\第 7 章\课后练习\竞争商品数据.xlsx。

【效果位置】配套资源：\效果文件\第 7 章\课后练习\竞争商品数据.xlsx。

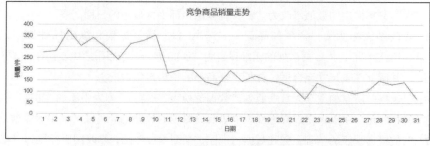

图 7-24

第  章 客户数据分析

随着经济的不断发展，以客户为中心的经营理念被越来越多的企业所接受并运用。这种理念强调将客户置于企业经营的核心位置，以为客户提供更有价值的商品和服务为目标。企业可以通过分析客户数据来更好地研究客户，了解客户的购买行为、喜好和需求，更好地满足客户期望。另外，分析客户数据还可以帮助企业更好地完成市场细分、目标营销和促销活动的精确定位等工作，提高企业的销售业绩。

📖 **学习要点**

◎ 认识客户画像。

◎ 了解客户留存率与流失率的含义。

◎ 掌握客户忠诚度的计算方法。

◎ 掌握 RFM 模型的应用。

◈ **素养目标**

◎ 培养细致入微的观察力。

◎ 提高数据分析与挖掘的能力。

❈ **扫码阅读**

案例欣赏

课前预习

8.1 案例要求

某经营童鞋的企业为了更好地了解客户需求，给客户提供更优质的商品和服务，现需要完成客户数据分析工作，包括客户画像的分析、客户留存率与流失率的分析、客户忠诚度的分析以及客户价值的分析等。该企业的数据分析部门需要对收集到的相关数据进行分析并得出结论，为企业完善运营策略提供数据支持，以便企业提升客户黏性和购买力。图 8-1 所示为本案例的部分效果展示。

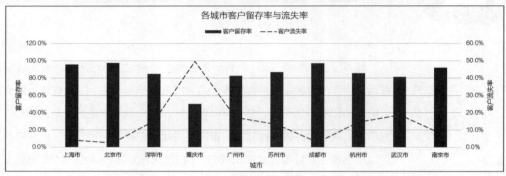

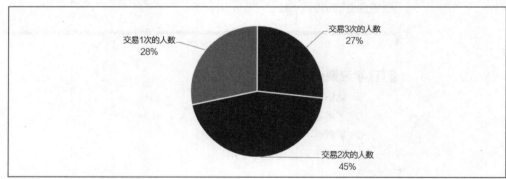

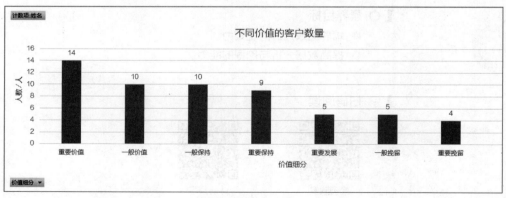

图 8-1

案例准备

本案例的内容主要是分析企业的客户数据。为了更好地完成分析，首先需要了解客户画像、客户留存率与流失率、客户忠诚度和 RFM 模型等概念，从而围绕这些概念展开客户数据分析工作。

8.2.1　客户画像

交互设计的提倡者阿兰·库珀最早提出了客户画像的概念：客户画像是真实用户的虚拟代表，是建立在一系列真实数据之上的目标用户模型。具体来说，客户画像就是根据客户的目标、行为和观点的差异，将其区分为不同的类型，然后在每种类型中抽取出典型特征，赋予名字、照片、一系列人口统计学要素和场景描述等，从而形成一个虚拟人物原型。

对于商务数据分析而言，客户画像的侧重点在于将客户分群，分析各群体的数量、占比、变换等情况，从而了解所有客户的情况。图 8-2 所示为百度指数平台统计的 2024 年 3 月 1 日—2024 年 3 月 31 日搜索"童鞋"的客户画像。由图可知，在该期间，30~39 岁的客户搜索"童鞋"的占比最高，女性客户的占比要略高于男性客户。

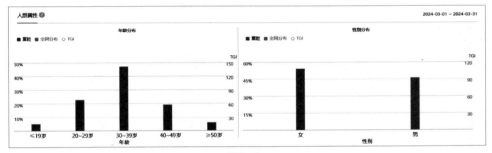

图 8-2

8.2.2　客户留存率与流失率

客户留存率与流失率能够直观体现企业客户的留存与流失情况。这两个指标的变动对企业的收入和利润有极大影响。客户留存率增加，企业的销售就会提升；相反，客户流失率增加，不仅表示企业商品和服务的质量受到质疑，也表示之前由客户带来的稳定收入将大打折扣。

客户留存率的计算公式：客户留存率=当期客户数/上期客户数×100%。

客户流失率的计算公式：客户流失率=当期流失客户数/上期客户数×100%=（上期客户数－当期客户数）/上期客户数×100%。

8.2.3　客户忠诚度

客户忠诚度指的是客户出于对企业商品或服务的喜好而产生重复购买行为的程度。影响客户忠诚度的指标较多，其中购买频次和重复购买率比较常用。重复购买率也叫复购率，是客户忠诚度的核心指标，需要通过购买频次进行计算。方法主要有两种。第一种的计算公式：重复购买率=重复购买客户数量/客户样本数量×100%。假设客户样本为 100 人，其中 50 人重复购买（不考虑重复购买了几次），则重复购买率=50/100×100%=50%。第二种的计算公式：重复购买率=客户重复购买行为次数（或交易次数）/客户样本数量×100%。假设客户样本为 100 人，其中 50 人重复购买，这 50 人中有 35 人重复购买 1 次（即购买 2 次），有 15 人重复购买 2 次（即购买 3 次），则重复购买率=（35×1+15×2）/100×100%=65%。实际工作中选择哪种方法计算重复购买率，企业应根据自身运营要求来选择。

8.2.4 RFM 模型

RFM 模型是一种描述客户价值的工具，主要包含 3 个指标，分别是最近一次交易时间（Recency）、交易频率（Frequency）和交易金额（Monetary）。企业利用这 3 个指标可以衡量客户的价值，从而对不同价值的客户采取有针对性的运营策略。其中，最近一次交易时间指标能够体现客户最近一次购买企业商品的时间，该指标与当前时间相减，从而计算出客户最近一次交易时间与当前时间的时间间隔，间隔越短指标得分越高；交易频率指标能够体现客户在一定期间内购买企业商品的次数，次数越多指标得分越高；交易金额指标能够体现客户在一定期间内购买企业商品的交易总额，交易总额越大指标得分越高。最后，企业按照不同指标的得分就能细分客户价值，从而对不同类型的客户采取不同的运营策略。表 8-1 所示为某企业使用 RFM 模型细分客户价值的示例。

表 8-1　某企业使用 RFM 模型细分客户价值的示例

最近一次交易时间	交易频率	交易金额	客户价值	运营策略
高	高	高	重要价值	倾斜更多资源，提供 VIP、个性化服务等专属服务
低	高	高	重要保持	提供极具吸引力的商品或服务
高	低	高	重要发展	提供忠诚度计划，推荐其他商品
低	低	高	重要挽留	重点联系或拜访，提高客户留存率
高	高	低	一般价值	提供各种优惠活动，尝试销售价值更高的商品
高	低	低	一般发展	提高会员兴趣，创建品牌知名度
低	高	低	一般保持	推荐热门商品并打折销售，加强联系
低	低	低	一般挽留	尝试恢复客户兴趣，否则暂时放弃

8.3 案例操作

8.3.1 借助文心一言统计并分析客户画像

某童鞋企业为了解最近新增的一批客户的基本情况，收集了这些客户的姓名、性别、年龄、喜爱的商品类目和喜爱的商品颜色等数据。下面首先利用文心一言统计客户数据，然后在 Excel 2019 中利用这些数据并结合 COUNTIF 函数和 COUNTIFS 函数建立客户画像，分析这批客户的性别、年龄分布情况，以及喜爱哪些商品类目和颜色。其具体操作如下。

视频教学：
借助文心一言统计
并分析客户画像

STEP 01 登录文心一言官方网站，单击文本框下方的 **文件** 按钮，如图 8-3 所示。

图 8-3

STEP 02 在显示的页面中单击"点击上传或拖入文档"区域，如图 8-4 所示。

图 8-4

STEP 03 打开"打开"对话框，选择"客户画像数据.xlsx"素材文件，单击 **打开(O)** 按钮，如图 8-5 所示。

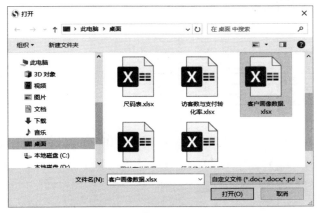

图 8-5

STEP 04 在文本框中输入需求，这里请求文心一言统计表格数据，并分析客户的情况，单击按钮 或按【Enter】键，如图 8-6 所示。

图 8-6

STEP 05 文心一言将按照要求统计数据并分析统计结果，如图 8-7 所示。

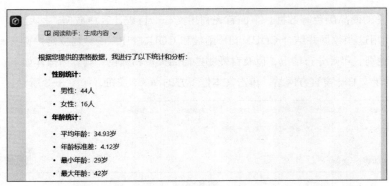

图 8-7

STEP 06 在 Excel 2019 中打开"客户画像数据.xlsx"素材文件（配套资源：\素材文件\第 8 章\客户画像数据.xlsx），按前文所述方法，将 G2:H3 单元格区域的字体格式设置为"方正宋三简体"，字号设置为"10"，适当调整 G 列和 H 列的列宽，加粗并左对齐 G 列的数据，居中对齐 H 列的数据；为 G2:H3 单元格区域添加边框，并在 G2 和 G3 单元格中分别输入"男"和"女"，如图 8-8 所示。

	A	B	C	D	E	F	G	H	I	J
1	姓名	性别	年龄/岁	喜爱类目	喜爱颜色					
2	李严	男	29	运动鞋	红色		男			
3	徐允和	男	31	帆布鞋	蓝色		女			
4	安月	女	42	皮鞋	蓝色					
5	葛亮	男	35	运动鞋	黄色					
6	倪霞瑷	女	41	运动鞋	红色					
7	蔡可	男	29	帆布鞋	绿色					
8	姜梦瑶	女	37	皮鞋	蓝色					
9	汪熙	男	36	运动鞋	绿色					
10	茅童	男	33	帆布鞋	蓝色					
11	钱飘茹	女	29	皮鞋	粉色					
12	路嘉玮	男	34	棉鞋	绿色					
13	何沫依	女	31	运动鞋	粉色					
14	俞英策	男	31	皮鞋	红色					

图 8-8

STEP 07 选择 H2 单元格，在编辑框中输入"=COUNTIF(B2:B61,"男")"，表示统计 B2:B61 单元格区域中数据为"男"的单元格数量，按【Ctrl+Enter】组合键返回统计结果，如图 8-9 所示。

H2		× ✓ fx	=COUNTIF(B2:B61,"男")							
	A	B	C	D	E	F	G	H	I	J
1	姓名	性别	年龄/岁	喜爱类目	喜爱颜色					
2	李严	男	29	运动鞋	红色		男	44		
3	徐允和	男	31	帆布鞋	蓝色		女			
4	安月	女	42	皮鞋	蓝色					
5	葛亮	男	35	运动鞋	黄色					
6	倪霞瑷	女	41	运动鞋	红色					
7	蔡可	男	29	帆布鞋	绿色					
8	姜梦瑶	女	37	皮鞋	蓝色					
9	汪熙	男	36	运动鞋	绿色					
10	茅童	男	33	帆布鞋	蓝色					
11	钱飘茹	女	29	皮鞋	粉色					
12	路嘉玮	男	34	棉鞋	绿色					
13	何沫依	女	31	运动鞋	粉色					
14	俞英策	男	31	皮鞋	红色					
15	章熙	男	36	帆布鞋	黄色					

图 8-9

STEP 08 选择 H3 单元格，在编辑框中输入"=COUNTIF(B2:B61,"女")"，表示统计 B2:B61 单元格区域中数据为"女"的单元格数量，按【Ctrl+Enter】组合键返回统计结果，如图 8-10 所示。

图 8-10

STEP 09 按相同方法对 G5:H7 单元格区域进行格式设置，并在 G5:G7 单元格区域中依次输入"20~30 岁""31~40 岁"和"40 岁以上"。选择 H5 单元格，在编辑框中输入"=COUNTIF SC2:C61, "<=30", C2:C61,">=20")"，表示统计 C2:C61 单元格区域中数据小于或等于 30 且大于或等于 20 的单元格数量，按【Ctrl+Enter】组合键返回统计结果，如图 8-11 所示。

图 8-11

🔔 **提示**

COUNTIFS 函数的作用与 COUNTIF 函数相比，就是可以同时设置多个统计条件，各条件之间用","分隔。类似的函数还有 SUMIFS 函数和 SUMIF 函数，AVERAGEIFS 函数和 AVERAGEIF 函数，IFS 函数和 IF 函数等，当需要设置多个条件时，便使用函数名后多一个"S"的函数。

STEP 10 选择 H6 单元格，在编辑框中输入"=COUNTIFS(C2:C61,">30",C2:C61,"<=40")"，表示统计 C2:C61 单元格区域中数据大于 30 且小于或等于 40 的单元格数量，按【Ctrl+Enter】组合键返回统计结果，如图 8-12 所示。

STEP 11 选择 H7 单元格，在编辑框中输入"=COUNTIF(C2:C61,">40")"，表示统计 C2:C61 单元格区域中数据大于 40 的单元格数量，按【Ctrl+Enter】组合键返回统计结果，如图 8-13 所示。

H7 ▾ ｜ × ✓ fx =COUNTIF(C2:C61,">40")

	A	B	C	D	E	F	G	H	I	J
1	姓名	性别	年龄/岁	喜爱类目	喜爱颜色					
2	李严	男	29	运动鞋	红色		男	44		
3	徐允和	男	31	帆布鞋	蓝色		女	16		
4	安月	女	42	皮鞋	蓝色					
5	葛亮	男	35	运动鞋	黄色		20~30岁	12		
6	倪霞瑷	女	41	运动鞋	红色		31~40岁	42		
7	蔡可	男	29	帆布鞋	绿色		41岁及以上	6		
8	姜梦瑶	女	37	皮鞋	蓝色					
9	汪照	男	36	运动鞋	绿色					
10	茅童	男	33	帆布鞋	蓝色					
11	钱飘茹	女	29	皮鞋	粉色					
12	路嘉玮	男	34	棉鞋	绿色					
13	何沫依	女	31	运动鞋	粉色					
14	俞英策	男	31	皮鞋	红色					
15	章熙	男	36	帆布鞋	黄色					
16	邹德	男	40	棉鞋	蓝色					
17	禹万纯	男	37	皮鞋	绿色					
18	常悦斌	男	31	棉鞋						

图 8-12

H7 ▾ ｜ × ✓ fx =COUNTIF(C2:C61,">40")

	A	B	C	D	E	F	G	H	I	J
1	姓名	性别	年龄/岁	喜爱类目	喜爱颜色					
2	李严	男	29	运动鞋	红色		男	44		
3	徐允和	男	31	帆布鞋	蓝色		女	16		
4	安月	女	42	皮鞋	蓝色					
5	葛亮	男	35	运动鞋	黄色		20~30岁	12		
6	倪霞瑷	女	41	运动鞋	红色		31~40岁	42		
7	蔡可	男	29	帆布鞋	绿色		41岁及以上	6		
8	姜梦瑶	女	37	皮鞋	蓝色					
9	汪照	男	36	运动鞋	绿色					
10	茅童	男	33	帆布鞋	蓝色					
11	钱飘茹	女	29	皮鞋	粉色					
12	路嘉玮	男	34	棉鞋	绿色					
13	何沫依	女	31	运动鞋	粉色					
14	俞英策	男	31	皮鞋	红色					
15	章熙	男	36	帆布鞋	黄色					
16	邹德	男	40	棉鞋	蓝色					
17	禹万纯	男	37	皮鞋	绿色					

图 8-13

STEP 12 按照相同方法建立统计商品类目和商品颜色的单元格区域，并利用 COUNTIF 函数统计相应的数据，结果如图 8-14 所示。

	A	B	C	D	E	F	G	H	I	J
8	姜梦瑶	女	37	皮鞋	蓝色					
9	汪照	男	36	运动鞋	绿色		运动鞋	15		
10	茅童	男	33	帆布鞋	蓝色		皮鞋	15		
11	钱飘茹	女	29	皮鞋	粉色		凉鞋	5		
12	路嘉玮	男	34	棉鞋	绿色		帆布鞋	11		
13	何沫依	女	31	运动鞋	粉色		棉鞋	5		
14	俞英策	男	31	皮鞋	红色		拖鞋	9		
15	章熙	男	36	帆布鞋	黄色					
16	邹德	男	40	棉鞋	蓝色		红	13		
17	禹万纯	男	37	皮鞋	绿色		黄	9		
18	常悦斌	男	31	棉鞋	红色		蓝	17		
19	马萱聪	男	34	运动鞋	白色		绿	9		
20	汤香茗	女	38	运动鞋	蓝色		粉	7		
21	平聪竹	男	30	皮鞋	蓝色		黑	2		
22	贝克	男	36	凉鞋	绿色		白	3		
23	胡锦	男	40	皮鞋	黑色					
24	毕文	男	30	拖鞋	红色					
25	秦惠伦	女	40	运动鞋	粉色					

图 8-14

STEP 13 按前文所述方法，以 G2:H3 单元格区域数据为数据源创建柱形图，将图表标题修改为"企业客户性别分布"，添加横坐标轴和纵坐标轴标题，将内容分别修改为"性别"和"人数/人"。删除网格线，在数据系列外添加数据标签，然后将数据系列的外观设置为预设的紫色边框样式。最后将图表中文字的字体格式设置为 "方正兰亭纤黑简体"，并调整图表尺寸至合适，效果如图 8-15 所示。

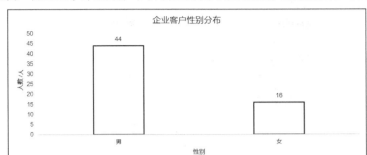

图 8-15

STEP 14 按相同方法，以 G5:H7 单元格区域数据为数据源创建柱形图，将图表标题修改为 "企业客户年龄分布"，设置图表布局，并美化图表，效果如图 8-16 所示。

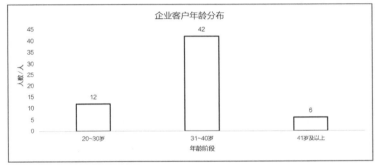

图 8-16

STEP 15 按前文所述方法，以 G9:H14 单元格区域数据为数据源创建条形图，将图表标题修改为 "企业客户喜爱商品类目分布"，设置图表布局，并美化图表，效果如图 8-17 所示。

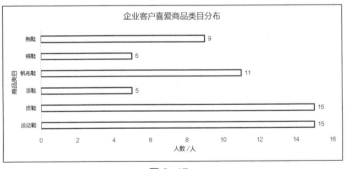

图 8-17

STEP 16 按相同方法，以 G16:H22 单元格区域数据为数据源创建条形图，将图表标题修改为 "企业客户喜爱商品颜色分布"，设置图表布局，并美化图表，效果如图 8-18 所示。

STEP 17 将创建的 4 张图表放置在一起，调整每张图表的尺寸至合适，如图 8-19 所示（配套资源：\效果文件\第 8 章\客户画像数据.xlsx）。

　　由图可知，该企业新增的一批客户中，男性人数远高于女性人数，年龄主要集中在 31~40 岁，对企业的皮鞋和运动鞋较为偏爱，颜色则更偏爱蓝色和红色。

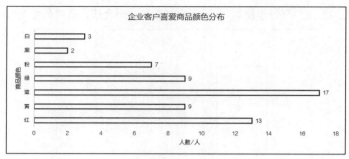

图 8-18

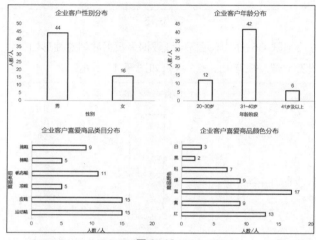

图 8-19

8.3.2 分析客户留存率与流失率

为了针对不同城市的客户采取合适的运营策略，某童鞋企业收集了一定时期不同城市期初和期末的客户数量。下面在 Excel 2019 中利用这些数据计算不同城市的客户留存率和流失率，然后建立组合图分析数据。其具体操作如下。

STEP 01 打开 "客户数据.xlsx" 素材文件（配套资源：\素材文件\第 8 章\客户数据.xlsx），在 D1 单元格中输入 "客户留存率"，选择 D2:D11 单元格区域，在编辑框中输入 "=C2/B2"，按【Ctrl+Enter】组合键计算不同城市的客户留存率，如图 8-20 所示。

STEP 02 在 E1 单元格中输入 "客户流失率"，选择 E2:E11 单元格区域，在编辑框中输入 "=(B2-C2)/B2"，按【Ctrl+Enter】组合键计算不同城市的客户流失率，如图 8-21 所示。

视频教学：
分析客户留存率
与流失率

🔔 提示

客户留存率与客户流失率之和应当为 100%，即客户流失率=1-客户留存率，因此在 E2 单元格中计算客户流失率时，也可以使用公式 "=1-D2" 来实现。

STEP 03 按前文所述方法，以客户所在城市、客户留存率和客户流失率为数据源建立组合图，其中客户流失率对应的数据系列以 "次坐标轴" 的方式呈现。将图表标题修改为 "各城市客户留存率与流失率"，将图例移至图表上方，添加横坐标轴、主要纵坐标轴和次要纵坐标轴标题，将内容分别修改为"城市""客户留存率"和"客户流失率"。

	A	B	C	D	E	F	G	H
				D2	fx	=C2/B2		
1	客户所在城市	期初会员数/位	期末会员数/位	客户留存率				
2	上海市	15190	14560	95.9%				
3	北京市	10280	10030	97.6%				
4	深圳市	13350	11330	84.9%				
5	重庆市	19640	9900	50.4%				
6	广州市	13250	10960	82.7%				
7	苏州市	14430	12520	86.8%				
8	成都市	16080	15610	97.1%				
9	杭州市	17090	14640	85.7%				
10	武汉市	11040	8980	81.3%				
11	南京市	15850	14570	91.9%				
12								
13								
14								

图 8-20

	A	B	C	D	E	F	G	H
				E2	fx	=(B2-C2)/B2		
1	客户所在城市	期初会员数/位	期末会员数/位	客户留存率	客户流失率			
2	上海市	15190	14560	95.9%	4.1%			
3	北京市	10280	10030	97.6%	2.4%			
4	深圳市	13350	11330	84.9%	15.1%			
5	重庆市	19640	9900	50.4%	49.6%			
6	广州市	13250	10960	82.7%	17.3%			
7	苏州市	14430	12520	86.8%	13.2%			
8	成都市	16080	15610	97.1%	2.9%			
9	杭州市	17090	14640	85.7%	14.3%			
10	武汉市	11040	8980	81.3%	18.7%			
11	南京市	15850	14570	91.9%	8.1%			
12								
13								
14								

图 8-21

STEP 04 按前文所述方法，将客户留存率数据系列的填充颜色设置为"绿色"，将客户流失率数据系列的线条设置为"1 磅""虚线-长画线"，将图表中文字的字体格式设置为"方正兰亭纤黑简体"，并调整图表尺寸至合适，效果如图 8-22 所示（配套资源：\效果文件\第 8 章\客户数据.xlsx）。

由图可知，重庆市的客户流失率最高，达到了 50%，上海市、北京市和成都市的客户流失率则较低，企业应当重点调整重庆市的客户运营策略，以缓解或改善该城市的客户流失状况。

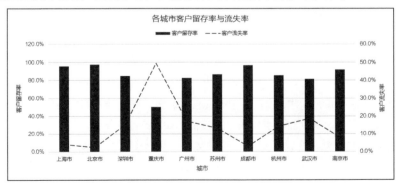

图 8-22

8.3.3 借助通义统计人数并分析客户忠诚度

为分析企业特定期间内客户的忠诚度情况，某童鞋企业收集了客户的姓名、性别和交易次数等数据。下面首先利用通义获取统计公式，然后在 Excel 2019 中分析不同交易次数的占比情况，然后进一步分析客户忠诚度情况。其具体操作如下。

视频教学：
借助通义统计
人数并分析客户
忠诚度

STEP 01 登录通义官方网站，单击文本框左侧的"上传文件"按钮↥，在弹出的下拉列表中选择"上传文档"选项，如图 8-23 所示。

STEP 02 打开"打开"对话框，选择"客户忠诚度数据.xlsx"素材文件，单击 打开(O) 按钮，如图 8-24 所示。

图 8-23

图 8-24

STEP 03 在文本框中输入需求，这里请求通义根据表格数据统计不同交易次数的客户数量需要使用什么公式，按【Enter】键。通义将根据需求给出反馈，如图 8-25 所示。

STEP 04 打开"客户忠诚度数据.xlsx"素材文件（配套资源：\素材文件\第 8 章\客户忠诚度数据.xlsx），在 F2:F4 单元格区域中输入文本，如图 8-26 所示，以统计不同交易次数的人数。

STEP 05 选择 G2 单元格，在编辑框中输入"=COUNTIF(D2:D61,3)"，表示统计 D2:D61 单元格区域中数据为"3"的单元格数量，按【Ctrl+Enter】组合键返回统计结果，如图 8-27 所示。

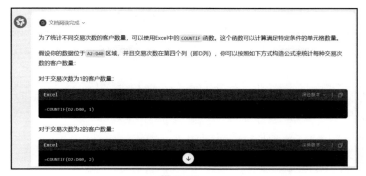

图 8-25

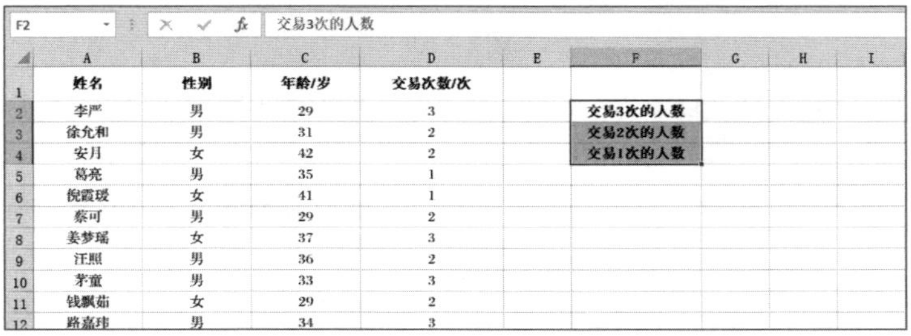

图 8-26

图 8-27

STEP 06 选择 G2 单元格编辑框中的公式内容，按【Ctrl+C】组合键复制。选择 G3 单元格，在编辑框中单击鼠标左键定位插入点，按【Ctrl+V】组合键粘贴，然后将公式中的"3"修改为"2"，按【Ctrl+Enter】组合键确认，结果如图 8-28 所示。

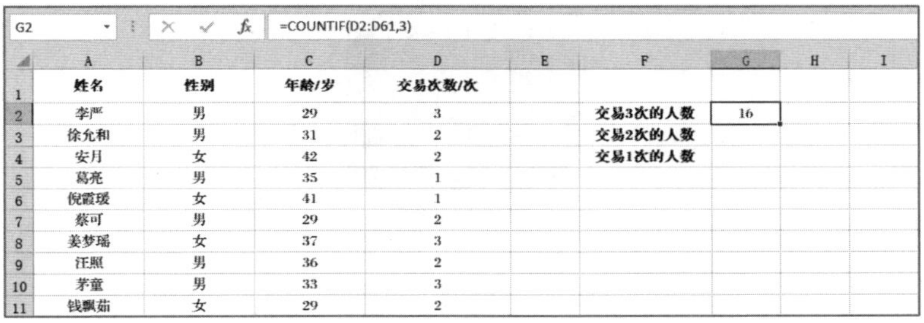

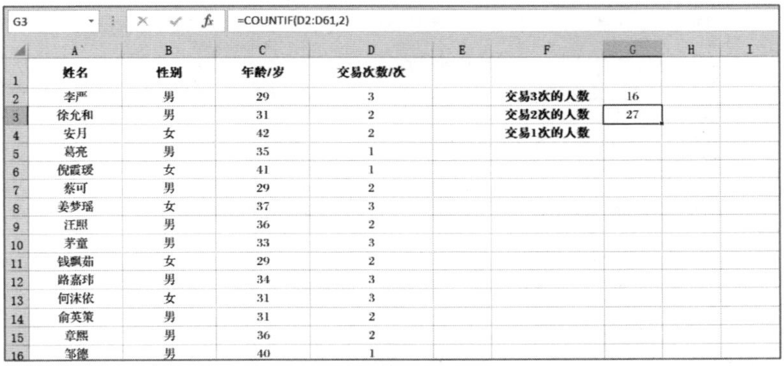

图 8-28

STEP 07 按相同方法统计交易 1 次的人数，结果在 G4 单元格显示，如图 8-29 所示。

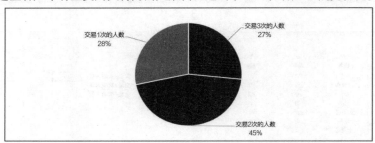

	A	B	C	D	E	F	G	H	I
						G4		✓ fx	=COUNTIF(D2:D61,1)
1	姓名	性别	年龄/岁	交易次数/次					
2	李严	男	29	3		交易3次的人数	16		
3	徐允和	男	31	2		交易2次的人数	27		
4	安月	女	42	2		交易1次的人数	17		
5	葛亮	男	35	1					
6	倪霞瑗	女	41	1					
7	蔡可	男	29	2					
8	姜梦瑶	女	37	3					
9	汪照	男	36	2					
10	茅童	男	33	3					
11	钱飘菊	女	29	2					
12	路嘉玮	男	34	3					
13	何沫依	女	31	1					
14	俞英策	男	31	2					
15	章熙	男	36	2					
16	邹德	男	40	3					

图 8-29

STEP 08 按前文所述方法，以 F2:G4 单元格区域数据为数据源创建饼图，删除图表标题和图例，在饼图扇区外侧添加数据标签，将内容设置为"类别名称""百分比""显示引导线"，将图表中文字的字体格式设置为"方正兰亭纤黑简体"，字号设置为"10"，然后调整图表尺寸和数据标签位置至合适，如图 8-30 所示。

由图可知，这些客户中有重复购买行为的人数占比达到了 72%，客户忠诚度表现较好。

图 8-30

STEP 09 选择 A1:D61 单元格区域，在【数据】/【排序和筛选】组中单击"排序"按钮，打开"排序"对话框，在"主要关键字"（"排序依据"）下拉列表中选择"性别"；单击 添加条件(A) 按钮，在"次要关键字"下拉列表中选择"交易次数/次"，在"次序"栏的下拉列表中选择"降序"，单击 确定 按钮，如图 8-31 所示。

图 8-31

STEP 10　在 F6 单元格和 F7 单元格中分别输入 "男性" 和 "女性"。选择 G6 单元格，按照 "重复购买率=客户重复购买行为次数（或交易次数）/客户样本数量×100%" 的计算公式，在编辑框中输入 "=(COUNT(D2:D14)*2+COUNT(D15:D33))/COUNT(D2:D45)"，表示计算重复购买 2 次和重复购买 1 次的男性客户的交易次数与所有男性客户数量的比率，按【Ctrl+Enter】组合键返回计算结果，如图 8-32 所示。

G6		▼	⋮	×	✓	fx	=(COUNT(D2:D14)*2+COUNT(D15:D33))/COUNT(D2:D45)		
▲	A	B	C	D	E	F	G	H	I
1	姓名	性别	年龄/岁	交易次数/次					
2	李严	男	29	3		交易3次的人数	16		
3	茅童	男	33	3		交易2次的人数	27		
4	路嘉玮	男	34	3		交易1次的人数	17		
5	禹万纯	男	37	3					
6	常悦斌	男	31	3		男性	102%		
7	胡锦	男	40	3		女性			
8	伍黛时	男	42	3					
9	严楠	男	38	3					
10	姚育	男	37	3					

图 8-32

STEP 11　选择 G7 单元格，在编辑框中输入 "=(COUNT(D46:D48)*2+COUNT(D49:D56))/COUNT(D46:D61)"，表示计算重复购买 2 次和重复购买 1 次的女性客户的交易次数与所有女性客户数量的比率，按【Ctrl+Enter】组合键返回计算结果，如图 8-33 所示。

G7		▼	⋮	×	✓	fx	=(COUNT(D46:D48)*2+COUNT(D49:D56))/COUNT(D46:D61)		
▲	A	B	C	D	E	F	G	H	I
1	姓名	性别	年龄/岁	交易次数/次					
2	李严	男	29	3		交易3次的人数	16		
3	茅童	男	33	3		交易2次的人数	27		
4	路嘉玮	男	34	3		交易1次的人数	17		
5	禹万纯	男	37	3					
6	常悦斌	男	31	3		男性	102%		
7	胡锦	男	40	3		女性	88%		
8	伍黛时	男	42	3					
9	严楠	男	38	3					

图 8-33

STEP 12　按前文所述方法，以 F6:G7 单元格区域数据为数据源创建柱形图，将图表标题修改为 "男女客户忠诚度对比"，添加横坐标轴和纵坐标轴标题，将内容分别修改为 "性别" 和 "重复购买率"，将图表中文字的字体格式设置为 "方正兰亭纤黑简体"，将数据系列的填充颜色设置为 "绿色"，在数据系列外侧添加数据标签，并调整图表尺寸，效果如图 8-34 所示（配套资源：\效果文件\第 8 章\客户忠诚度数据.xlsx）。

由图可知，一方面，男性客户的重复购买率超过 100%，女性客户的重复购买率超过 85%，说明企业的这批客户的客户忠诚度是非常高的；另一方面，男性客户的重复购买率明显高出女性客户的，说明该期间内，企业的商品和服务更令男性客户满意。

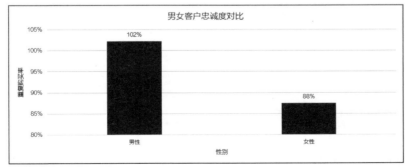

图 8-34

8.3.4 细分客户价值

为针对不同价值的客户采取不同的促销方案，某童鞋企业需要借助 RFM 模型细分客户价值，并统计各类客户的数量。本案例收集了特定期间内该企业客户的姓名、交易次数、交易金额、上次交易时间等数据。下面在 Excel 2019 中计算上次交易时间到现在的时间间隔，然后利用 IF 函数对客户进行细分管理，最后统计各类型客户的数量。其具体操作如下。

视频教学：
细分客户价值

STEP 01 打开"客户价值数据.xlsx"素材文件（配套资源：\素材文件\第 8 章\客户价值数据.xlsx），在 G1 单元格中输入"时间间隔/天"，选择 G2:G61 单元格区域，在编辑框中输入"=TODAY()-F2"，按【Ctrl+Enter】组合键得到时间间隔数据，如图 8-35 所示。

	A	B	C	D	E	F	G	H	I
	姓名	性别	年龄/岁	交易次数/次	交易金额/元	上次交易时间	时间间隔/天		
2	李严	男	29	3	218.0	2023/11/27	109		
3	徐允和	男	31	2	221.0	2024/3/1	14		
4	安月	女	42	2	254.0	2023/9/14	183		
5	葛亮	男	35	1	260.0	2023/10/16	151		
6	倪霞瑗	女	41	1	669.0	2024/2/25	19		
7	蔡可	男	29	2	648.0	2023/7/29	230		
8	姜梦瑶	女	37	2	183.0	2023/11/7	129		
9	汪照	男	36	2	432.0	2023/12/31	75		
10	茅童	男	33	3	260.0	2023/9/25	172		
11	钱飘茹	女	29	2	230.0	2023/11/5	131		
12	路嘉玮	男	34	3	612.0	2024/2/22	22		
13	何沫依	女	31	3	741.0	2023/7/31	228		
14	俞英策	男	31	2	263.0	2023/12/22	84		
15	章熙	男	36	2	188.0	2024/3/9	6		

图 8-35

STEP 02 选择 C63 单元格，输入"平均值"，按【Tab】键确认输入并选择 D63 单元格，在编辑框中输入"=AVERAGE(D2:D61)"，按【Ctrl+Enter】组合键计算所有客户的平均交易次数，结果如图 8-36 所示，以此数据为标准评价 RFM 模型中的交易频率指标。

	A	B	C	D	E	F	G	H	I
49	任晨瑾	男	29	2	762.0	2023/8/3	225		
50	郭嘉	男	29	1	262.0	2023/8/7	221		
51	余君	男	37	2	522.0	2024/2/29	15		
52	钱枝	男	39	1	241.0	2022/8/17	576		
53	吕立	男	32	1	852.0	2024/1/12	63		
54	尹夏爽	男	41	2	214.0	2023/9/12	185		
55	季琳君	女	30	2	590.0	2024/1/6	69		
56	柏晓晨	男	40	3	598.0	2023/10/4	163		
57	席韵文	男	37	1	474.0	2023/9/30	167		
58	罗莲姬	女	36	3	897.0	2023/11/12	124		
59	葛若雷	男	31	3	558.0	2023/8/27	201		
60	汪荷琛	男	40	1	540.0	2023/9/30	167		
61	邹鸣	男	41	1	544.0	2023/4/29	321		
62									
63			平均值	2.0					
64									
65									
66									
67									

图 8-36

STEP 03 按相同方法依次统计所有客户的平均交易金额和平均交易时间间隔，结果如图 8-37 所示，以这两个数据为标准评价 RFM 模型中的交易金额指标和最近一次交易时间指标。

图 8-37

STEP 04 在 H1、I1、J1 单元格中分别输入"R""F""M"，用于存放时间间隔、交易频次和交易金额 3 个指标的评价结果。

STEP 05 选择 H2:H61 单元格区域，在编辑框中输入"=IF(G2>$G$63,"低","高")"，表示将每位客户的交易时间间隔数据与平均交易时间间隔进行比较，如果大于平均交易时间间隔则评价为"低"，如果小于或等于平均交易时间间隔则评价为"高"，按【Ctrl+Enter】组合键返回结果，如图 8-38 所示。

图 8-38

> 🔔 **提示**
>
> 实际工作中，用于评价 RFM 模型中 3 个指标的标准并不一定是平均值，而应当结合市场的供需情况及企业的运营策略等来确定。

STEP 06 选择 I2:I61 单元格区域，在编辑框中输入"=IF(D2>=$D$63,"高","低")"，表示将每位客户的交易次数数据与平均交易次数作比较，如果大于或等于平均交易次数则评价为"高"，如果小于平均交易次数则评价为"低"，按【Ctrl+Enter】组合键返回结果，如图 8-39 所示。

STEP 07 选择 J2:J61 单元格区域，在编辑框中输入"=IF(E2>=$E$63,"高","低")"，表示将每位客户的交易金额数据与平均交易金额作比较，如果大于或等于平均交易金额则评价为"高"，如果小于平均交易金额则评价为"低"，按【Ctrl+Enter】组合键返回结果，如图 8-40 所示。

I2 | =IF(D2>=$D$63,"高","低")

	A	B	C	D	E	F	G	H	I	J
1	姓名	性别	年龄/岁	交易次数/次	交易金额/元	上次交易时间	时间间隔/天	R	F	M
2	李严	男	29	3	218.0	2023/11/27	109	高	高	
3	徐允和	男	31	2	221.0	2024/3/1	14	高	高	
4	安月	女	42	2	254.0	2023/9/14	183	低	高	
5	葛亮	男	35	1	260.0	2023/10/16	151	低	低	
6	倪霞暖	女	41	1	669.0	2024/2/25	19	高	低	
7	蔡可	男	29	2	648.0	2023/7/29	230	低	高	
8	姜梦瑶	女	37	3	183.0	2023/11/7	129	高	高	
9	汪熙	男	36	2	432.0	2023/12/31	75	高	高	
10	茅童	男	33	3	260.0	2023/9/25	172	低	高	
11	钱飘苗	女	29	2	230.0	2023/11/5	131	低	高	
12	路嘉玮	男	34	3	612.0	2024/2/22	22	高	高	
13	何沫依	女	31	3	741.0	2023/7/31	228	低	高	
14	俞英策	男	31	2	263.0	2023/12/22	84	高	高	
15	章熙	男	36	2	188.0	2024/3/9	6	高	高	
16	邹德	男	40	1	861.0	2024/1/23	52	高	低	

图 8-39

J2 | =IF(E2>=$E$63,"高","低")

	A	B	C	D	E	F	G	H	I	J
1	姓名	性别	年龄/岁	交易次数/次	交易金额/元	上次交易时间	时间间隔/天	R	F	M
2	李严	男	29	3	218.0	2023/11/27	109	高	高	低
3	徐允和	男	31	2	221.0	2024/3/1	14	高	高	低
4	安月	女	42	2	254.0	2023/9/14	183	低	高	低
5	葛亮	男	35	1	260.0	2023/10/16	151	低	低	低
6	倪霞暖	女	41	1	669.0	2024/2/25	19	高	低	高
7	蔡可	男	29	2	648.0	2023/7/29	230	低	高	高
8	姜梦瑶	女	37	3	183.0	2023/11/7	129	高	高	低
9	汪熙	男	36	2	432.0	2023/12/31	75	高	高	低
10	茅童	男	33	3	260.0	2023/9/25	172	低	高	低
11	钱飘苗	女	29	2	230.0	2023/11/5	131	低	高	低
12	路嘉玮	男	34	3	612.0	2024/2/22	22	高	高	高
13	何沫依	女	31	3	741.0	2023/7/31	228	低	高	高
14	俞英策	男	31	2	263.0	2023/12/22	84	高	高	低
15	章熙	男	36	2	188.0	2024/3/9	6	高	高	低
16	邹德	男	40	1	861.0	2024/1/23	52	高	低	高
17	禹万纯	男	37	3	771.0	2024/3/3	12	高	高	高

图 8-40

STEP 08 在 K1 单元格输入"价值细分"，再利用 IF 函数并结合 RFM 中每个指标的评价结果来细分客户的价值类型。选择 K2:K61 单元格区域，在编辑栏中输入"=IF(AND(H2="高",I2="高",J2="高"),"重要价值",IF(AND(H2="低",I2="高",J2="高"),"重要保持",IF(AND(H2="高",I2="低",J2="高"),"重要发展",IF(AND(H2="低",I2="低",J2="高"),"重要挽留",IF(AND(H2="高",I2="高",J2="低"),"一般价值",IF(AND(H2="高",I2="低",J2="低"),"一般发展",IF(AND(H2="低",I2="高",J2="低"),"一般保持","一般挽留")))))))"，按【Ctrl+Enter】组合键返回判断结果，如图 8-41 所示。

=IF(AND(H2="高",I2="高",J2="高"),"重要价值",IF(AND(H2="低",I2="高",J2="高"),"重要保持",IF(AND(H2="高",I2="低",J2="高"),"重要发展",IF(AND(H2="低",I2="低",J2="高"),"重要挽留",IF(AND(H2="高",I2="高",J2="低"),"一般价值",IF(AND(H2="高",I2="低",J2="低"),"一般发展",IF(AND(H2="低",I2="高",J2="低"),"一般保持","一般挽留")))))))

B	C	E	F	G	H	I	J	K	L	M
性别	年龄/岁	交易次数/次	交易金额/元	上次交易时间	时间间隔/天	R	F	M	价值细分	
男	29	3	218.0	2023/11/27	109	高	高	低	一般价值	
男	31	2	221.0	2024/3/1	14	高	高	低	一般价值	
女	42	2	254.0	2023/9/14	183	低	高	低	一般保持	
男	35	1	260.0	2023/10/16	151	低	低	低	一般挽留	
女	41	1	669.0	2024/2/25	19	高	低	高	重要发展	
男	29	2	648.0	2023/7/29	230	低	高	高	重要保持	
女	37	3	183.0	2023/11/7	129	高	高	低	一般价值	
男	36	2	432.0	2023/12/31	75	高	高	低	一般价值	
男	33	3	260.0	2023/9/25	172	低	高	低	一般保持	
女	29	2	230.0	2023/11/5	131	低	高	低	一般保持	
男	34	3	612.0	2024/2/22	22	高	高	高	重要价值	
女	31	3	741.0	2023/7/31	228	低	高	高	重要保持	
男	31	2	263.0	2023/12/22	84	高	高	低	一般价值	
男	36	2	188.0	2024/3/9	6	高	高	低	一般价值	
男	40	1	861.0	2024/1/23	52	高	低	高	重要发展	
男	37	3	771.0	2024/3/3	12	高	高	高	重要价值	
男	31	3	720.0	2023/11/30	106	高	高	高	重要价值	

图 8-41

STEP 09 以 A1:K61 单元格区域数据为数据源，按前文所述方法，在新工作表中创建数据透视表，将"价值细分"字段添加到"行"列表中，将"姓名"字段添加到"值"列表中，此时数据透视表将统计不同价值客户的人数，如图 8-42 所示。

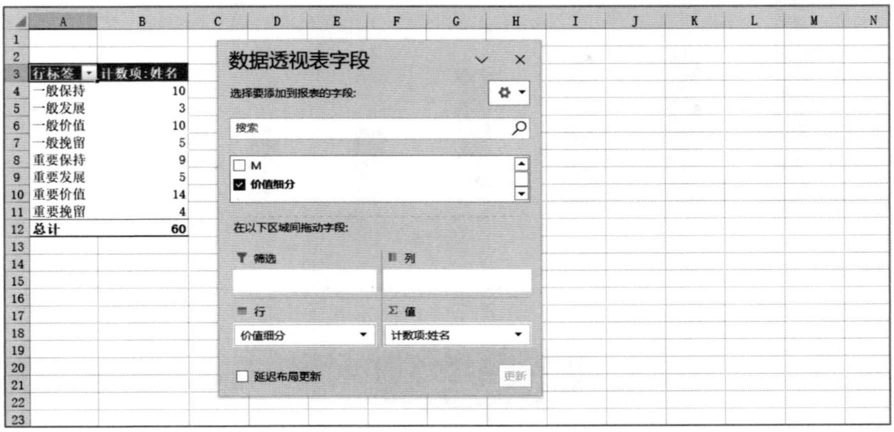

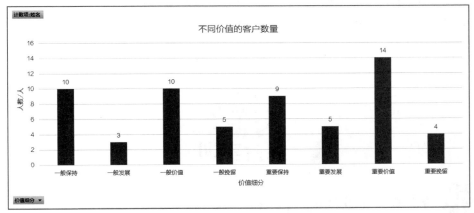

图 8-42

STEP 10 按前文所述方法，在数据透视表的基础上创建数据透视图，类型为柱形图，删除图例，将图表标题修改为"不同价值的客户数量"，添加横坐标轴和纵坐标轴标题，将内容分别修改为"价值细分"和"人数/人"，将图表中文字的字体格式设置为"方正兰亭纤黑简体"，将数据系列的填充颜色设置为"绿色"，在数据系列外侧添加数据标签，调整图表尺寸至合适，效果如图 8-43 所示。

图 8-43

STEP 11 在数据系列上单击鼠标右键，在弹出的快捷菜单中选择【排序】/【降序】命令，调整数据系列的显示顺序，结果如图 8-44 所示（配套资源：\效果文件\第 8 章\客户价值数据.xlsx）。

由图 8-44 可知，在该特定期间内，属于"重要价值"类型的客户数量最多，这类客户的 RFM 模型 3 个指标表现都很高，说明企业在客户维护、日常运营及商品销售等方面都有不错的成绩。同时，属于"重要发展"价值和"重要挽留"价值的客户数量较少，这需要企业进一步改善运营策略，将属于"一般价值"和"一般保持"价值的客户发展为重要客户，如通过促销、打折等方式提高"一般保持"价值客户的交易金额，就可以将其发展为"重要保持"价值的客户。

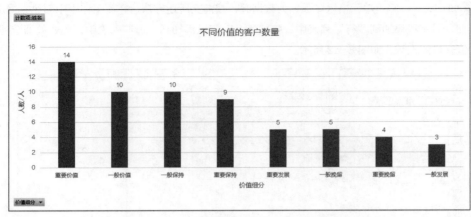

图 8-44

 行业知识

　　一些企业为了更好地维护客户，采用会员制度的方式增强与客户的关系。与普通客户相比，会员具有更高的忠诚度，他们对企业的商品和服务更为满意，愿意产生多次交易行为，因此对于企业而言，吸引更多的普通客户成为会员可以助力企业的发展。

　　会员与客户在概念上存在区别。客户通常是指企业商品的购买者或服务接受者，与企业一般是零散的业务关系；会员则是通过某种规则加入企业中的特定客户群体，与企业建立的关系更加长远和稳定。另外，客户只是具有企业商品购买者或服务接受者的身份，侧重于具体的交易行为和消费需求；会员则对企业具有较高的认同感和归属感，会员的身份通常意味着能够享受更多的权益，与企业的联系更为紧密。

8.4 综合实训

8.4.1 分析男装企业的客户画像

　　客户画像可以展现客户的社会属性、偏好特征、消费行为等特性，能够为企业分析客户信息和挖掘客户价值提供帮助。表 8-2 所示为本次实训的任务单。

表 8-2　分析男装企业客户画像的任务单

实训背景	某男装企业需要全面了解特定期间内客户的性别、年龄、所在地、购物次数、购物金额的分布情况，现需要利用收集到的性别、年龄、年龄阶段、所在地、购物次数、购物总金额等数据完成分析客户画像的工作
操作要求	使用数据透视表和数据透视图分析客户的性别、年龄、所在地、购物次数和购物金额的分布情况

续表

操作思路	（1）使用 IF 函数对年龄和购物总金额进行分级； （2）创建数据透视表和数据透视图，分析客户性别的分布情况； （3）调整字段，分析客户年龄的分布情况； （4）按相同方法分析客户所在地、购物次数和购物层级的分布情况
素材位置	配套资源：\素材文件\第 8 章\综合实训\客户画像数据.xlsx
效果位置	配套资源：\效果文件\第 8 章\综合实训\客户画像数据.xlsx
参考效果	

本实训的操作提示如下。

STEP 01 打开"客户画像数据.xlsx"素材文件，在"所在地"项目前插入"年龄阶段"项目。

视频教学：
分析男装企业的
客户画像

STEP 02 选择 D2:D61 单元格区域，在编辑框中输入 "=IF(C2<20,"20 岁以下", IF(C2<31,"20~30 岁","31 岁及以上"))"，按【Ctrl+Enter】组合键根据年龄数据返回各客户的年龄阶段结果。

STEP 03 在"购物总金额/元"项目后插入"购物层级"项目，选择 H2:H61 单元格区域，在编辑框中输入 "=IF(G2<200,"200 元以下",IF(G2<401,"200~400 元",IF(G2<601,"401~600 元","600 元以上")))"，按【Ctrl+Enter】组合键根据购物总金额数据返回各客户的购物层级结果。

STEP 04 以表格中的所有数据为数据源，在新工作表中创建数据透视表，将"性别"字段添加到"行"列表中，将"客户姓名"字段添加到"值"列表中。

STEP 05 在数据透视表的基础上创建数据透视图，类型为柱形图，删除图表标题和图例，将图表中文字的字体格式设置为"方正兰亭纤黑简体"，并调整图表尺寸至合适。

STEP 06 为图表添加横坐标轴和纵坐标轴标题，将内容分别修改为"性别"和"人数/人"，将数据系列的填充颜色设置为"绿色"，在数据系列外侧添加数据标签，分析客户性别的分布情况。

STEP 07 将"性别"字段替换为"年龄阶段"字段，修改横坐标轴的标题为"年龄阶段"，分析客户年龄的分布情况。

STEP 08 按相同方法替换字段和修改横坐标轴标题，继续分析客户的所在地、购物次数和购物金额的分布情况。

8.4.2 借助智谱清言分析男装企业的客户价值

任何企业都可以根据所在市场的情况和自身的运营需求对客户进行价值细分，这样就能在商品和服务的推广和销售等环节实现精准营销。表 8-3 所示为本次实训的任务单。

表 8-3　借助智谱清言分析男装企业客户价值的任务单

实训背景	某男装企业在未来一段时间内会上市一批新商品，为实现精准营销，需要清楚了解不同客户的潜在价值
操作要求	利用收集的特定期间内客户的购物次数、购物总金额和上次购物时间数据，统计不同交易次数的客户数量，并借助 RFM 模型细分客户的价值
操作思路	（1）使用智谱清言创建柱形图，对比不同交易次数的客户数量； （2）使用 TODAY() 函数计算时间间隔； （3）计算购物次数、购物总金额和时间间隔的平均值； （4）评价各客户在 RFM 模型中 3 个指标对应的数值； （5）利用 IF 函数细分客户价值； （6）创建客户价值细分类型统计图
素材位置	配套资源：\素材文件\第 8 章\综合实训\客户价值数据.xlsx
效果位置	配套资源：\效果文件\第 8 章\综合实训\客户价值数据.xlsx
参考效果	

本实训的操作提示如下。

STEP 01　登录智谱清言官方网站，选择"数据分析"功能，上传"客户价值数据.xlsx"素材文件。

STEP 02　请求智谱清言创建柱形图，对比不同交易次数的客户数量。

STEP 03　打开"客户价值数据.xlsx"素材文件，在 E 列创建"时间间隔"项目，利用公式"=TODAY()-D2"计算各客户的时间间隔。

视频教学：
借助智谱清言
分析男装企业
的客户价值

STEP 04　在 A62 单元格中输入"平均值"，分别在 B62、C62 和 E62 单元格中计算所有客户对应项目的平均值。

STEP 05　创建"R"项目，利用公式"=IF(E2>$E$62,"低","高")"评价各客户的最近一次交易时间指标。

STEP 06　创建"F"项目，利用公式"=IF(B2>=$B$62,"高","低")"评价各客户的交易频次指标。

STEP 07　创建"M"项目，利用公式"=IF(C2>=$C$62,"高","低")"评价各客户的交易金额指标。

STEP 08　创建"细分类型"项目，利用公式"=IF(AND(F2="高",G2="高",H2="高"),"重要价值客户",IF(AND(F2="低",G2="高",H2="高"),"重要唤回客户",IF(AND(F2="高",G2="低",H2="高"),"重要深耕客户",IF(AND(F2="低",G2="低",H2="高"),"重要挽留客户",IF(AND(F2="高",G2="高",H2="低"),"潜力客户",

IF(AND(F2="高",G2="低",H2="低"),"新客户",IF(AND(F2="低",G2="高",H2="低"),"一般维持客户","低价值客户")))))))"细分客户价值类型。

STEP 09 以 A1:I61 单元格区域数据为数据源，在新工作表中创建数据透视表，将"细分类型"字段添加到"行"列表中，将"客户姓名"字段添加到"值"列表中。

STEP 10 在数据透视表的基础上创建数据透视图，类型为柱形图，删除图表标题和图例，将图表中文字的字体格式设置为"方正兰亭纤黑简体"，并调整图表尺寸至合适。

STEP 11 为图表添加横坐标轴和纵坐标轴标题，将内容分别修改为"客户价值细分类型"和"人数/人"，将数据系列的填充颜色设置为"浅蓝"，在数据系列外侧添加数据标签，将数据系列升序排列，分析客户价值类型数量。

8.5 课后练习

练习 1　分析女鞋企业的客户忠诚度

【操作要求】分析女鞋企业近一周客户忠诚度的变化趋势。

【操作提示】计算每日客户复购率，创建一周复购率折线图，分析折线图的走势情况，参考效果如图 8-45 所示。

【素材位置】配套资源：\素材文件\第 8 章\课后练习\客户忠诚度数据.xlsx。

【效果位置】配套资源：\效果文件\第 8 章\课后练习\客户忠诚度数据.xlsx。

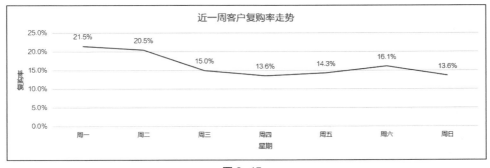

图 8-45

练习 2　借助文心一言分析女鞋企业客户的留存率和流失率

【操作要求】利用组合图分析女鞋企业的客户在不同区域的留存率和流失率。

【操作提示】上传文件到文心一言，询问留存率与流失率的计算公式，然后在 Excel 2019 中分别计算客户的留存率和流失率，然后创建组合图，其中客户流失率数据系列对应的轴设置为"次坐标轴"，分析不同区域的客户留存率与流失率情况，参考效果如图 8-46 所示。

【素材位置】配套资源：\素材文件\第 8 章\课后练习\竞争商品数据.xlsx。

【效果位置】配套资源：\效果文件\第 8 章\课后练习\竞争商品数据.xlsx。

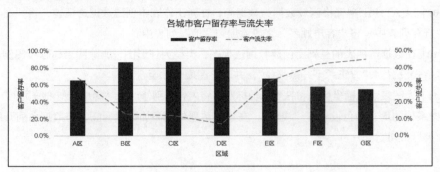

图 8-46

第  章 **运营数据分析**

运营数据涉及企业的方方面面，如推广、销售、采购、库存、物流、利润等。对于开展电子商务业务的企业，运营数据还涉及流量方面的运营环节。企业对运营数据进行分析，有助于调整和优化运营策略，提升企业竞争力；有助于更好地了解市场行情、销售趋势、客户行为和需求，并优化商品库存管理和供应链，指导新商品开发和市场定位；有助于获取有价值的市场洞察和业务决策依据，提高销售能力。

📖 **学习要点**

◎ 熟悉关键词的作用与分类。

◎ 了解漏斗模型和分组分析法。

◎ 熟悉 SKU 与库存周转率。

◎ 了解揽收及时率与发货率。

◎ 掌握利润与利润率。

◈ **素养目标**

◎ 培养商业意识和职业素养。

◎ 提升商业运营管理和数据分析的能力。

◈ **扫码阅读**

案例欣赏　　　　　　课前预习

案例要求

　　某经营童鞋的企业成立了电子商务部门，并在主流的电子商务平台开设了店铺。为了更好地了解店铺的运营情况，企业需要分析运营数据，包括引流效果、推广效果、转化效果、采购价格、商品库存周转率、物流效率和利润等。现需要该企业的数据分析部门利用收集到的相关数据对上述情况进行分析并得出结论，让企业能够全面了解店铺的运营情况。图 9-1 所示为本案例的部分效果展示。

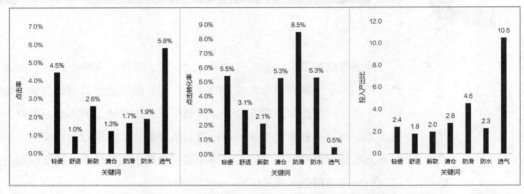

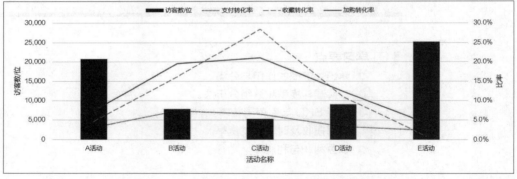

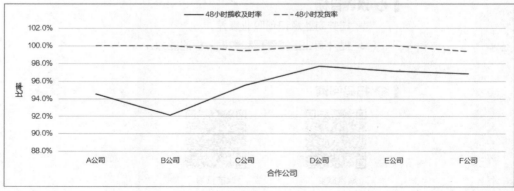

图 9-1

9.2 案例准备

在分析运营数据前，分析人员需要了解一些涉及运营的概念和指标，如关键词、漏斗模型、分组分析法、SKU、库存周转率、揽收及时率、发货率、利润、利润率等，以便在分析时能够有的放矢，采用合理的分析方法得到正确的分析结果。

9.2.1 关键词的作用与分类

关键词指的是商品标题中包含的关键内容。电子商务平台上销售的商品都有相应的名称，名称中包含的关键词越热门，被客户搜索和访问到的机会就越大，这将直接影响企业商品的引流数据和转化数据。以淘宝网为例，该平台规定的商品标题文字长度不多于 30 字。要想利用这个文字长度设计出具有竞争力的标题内容，需要运营人员分析关键词数据，提取热门的关键词并加以组合。

根据作用的不同，关键词可以分为核心词、修饰词、长尾词、品牌词等。其中，核心词是体现商品类目的词语，如经营的是童鞋商品，则商品的核心词是"鞋""童鞋""儿童鞋"等。核心词的搜索量很大，但精度不高，转化率很低。修饰词是体现商品属性的词语，如"男""女""舒适"等，都是童鞋行业的修饰词。长尾词是同时体现商品类目和属性的词语，由核心词和修饰词组成，如"轻便防水纽扣童鞋""春秋款网面软底防滑童鞋"等。长尾词能够更好地匹配商品的特点，因此搜索量相对少，但目的性更强，转化率比核心词高许多。品牌词是体现经营商品的品牌名称的词语，如果经营的是热门品牌，则可以在商品名称中加入品牌名称。

9.2.2 活动推广效果的侧重指标

电子商务平台往往会策划许多活动，其目的一方面在于给客户带来更多的选择和实惠，另一方面给企业带来更多参与销售的机会。不同的活动具有不同的推广效果，企业选择哪些活动，需要分析该活动的推广效果。企业在分析时应重点关注该活动的流量、转化、拉新和留存等核心维度，因为它们体现了活动的推广表现。其中，流量维度主要分析活动为企业带来的流量效果，如访客数、点击量、点击率、跳失率等；转化维度主要分析活动为企业带来的转化效果，如收藏数、加购数、成交订单数、收藏转化率、加购转化率、支付转化率等；拉新维度主要分析活动为企业带来的新客户情况，如新访客数、新访客数占比、新收藏数等；留存维度则主要分析活动结束后企业客户的留存情况，如老客户数、会员数、交易次数等。

9.2.3 漏斗模型的应用

漏斗模型是一种用于描述和分析某个过程的概念模型。它可以对该过程中涉及环节的执行、转化等情况进行层层筛选，直至达到最终环节。由于每个环节都进行了筛选，其可视化效果类似一个漏斗形状，该模型被称为漏斗模型。

对于网上店铺而言，漏斗模型较常用于转化效果的分析，即将客户访问店铺到最终成交的过程划分为若干重要环节，通过一层层过滤转化人数来分析各个环节的转化效果，以便找到转化率过低的原因。图 9-2 所示为按照从访问到下单，再到支付这个流程建立的转化漏斗模型示意图。

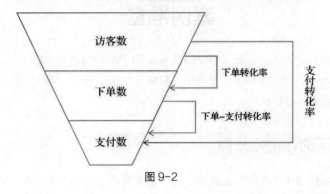

图 9-2

9.2.4 分组分析法的概念

分组分析法是指根据分析对象的特征，按照一定的指标将对象划分为不同类别进行分析的方法。这种分析方法能够揭示分析对象内在的规律。其应用上是将总体中同一性质的对象合并于同一分组，将总体中不同性质的对象放置在其他分组，之后进行对比，得出分析结果。在本书前面章节中已经讲述过分组分析的内容，如将客户年龄分为不同的年龄段，将客户的交易金额划分为不同的层级等。本节从理论上进一步说明分组分析法的应用。

使用分组分析法时，总体中的每个数据都需要归属于一组，所有组中应包含所有数据，不能有遗漏。同时，每个数据只能属于一个分组，不能同时属于两个或两个以上的分组。分组分析法的核心涉及 3 个要素，即组数、组限和组距。其中，组数即分组的数量；组限即各组的数据大小范围，包括各组的上限和下限；组距即分组中最大值与最小值的差距，其计算公式：组距=（最大值-最小值）/组数。对数据进行分组前，需要确定这几个要素的数值，然后将数据进行分组，再统计各组数量，从而实现对数量多少或占比的分析。

9.2.5 SKU 与库存周转率

SKU（Stock Keeping Unit，存货单位）是用于唯一标识和管理商品的一种编码系统。SKU 原来是大型连锁超市配送中心物流管理领域中的一个重要概念，现在用来给商品进行统一编码，每种商品均对应唯一的 SKU。也就是说，即便是同一种商品，当其品牌、型号、配置、等级、颜色、包装容量、单位、生产日期、保质期、用途、价格、产地等属性中任何一种属性存在不同时，都应当对应一个 SKU，称为一个单品。例如，一款童鞋有 3 种颜色，那么不同颜色的童鞋就需要对应 1 个 SKU，如果每种颜色的童鞋还有 3 种不同的尺码，那么结合颜色属性，这款童鞋就存在 9 个 SKU，即 9 个单品。在采购与库存管理等环节，利用 SKU 能实现对商品的精准管理，不容易出现遗漏或重复等现象。

使用库存周转率指标可以从财务的角度监控库存安全，衡量特定时期内库存商品的周转次数，反映库存管理的效率和企业的销售表现。该指标一般以月、季度、半年或年为周期，计算公式：库存周转率=销售数量÷[（期初库存数量+期末库存数量）÷2]×100%。分析库存周转率时，首先利用公式计算各商品或 SKU 的库存天数和库存周转率，然后创建四象限图进行分析。图 9-3 所示为创建的库存周转率四象限图，其中横坐标轴代表库存天数，纵坐标轴代表库存周转率。假设标准库存天数为 30 天，标准季度周转次数为 3 次，那么位于坐标轴交叉点附近的商品或 SKU 的库存都比较安全；位于左上角象限内的商品库存天数低、周转率高，容易出现断货风险，应及时补货；位于右下角象限内的商品库存天数高、周转率低，容易出现死库存。

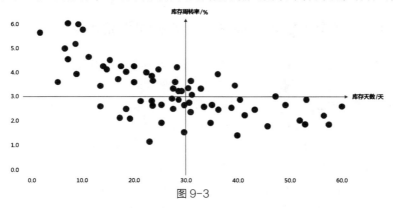

图 9-3

9.2.6　揽收及时率与发货率

揽收及时率是衡量快递公司或物流公司在接到揽件订单后，在规定时间内揽收的订单量与总订单量的比值。对于开展电子商务业务的企业而言，利用揽收及时率可以分析合作的快递公司或物流公司的效率。以淘宝网为例，揽收及时率可以细分为 48 小时揽收及时率和 24 小时揽收及时率。这两个指标的比值越大，说明该快递公司或物流公司的效率越高。其中，48 小时揽收及时率=近 30 天内揽收时间早于或等于 48 小时的订单数/近 30 天内应揽收订单总数×100%；24 小时揽收及时率=近 30 天内揽收时间早于或等于 24 小时的订单数/近 30 天内应揽收订单总数×100%。

发货率是指在规定时间内已经发货的订单量与该时间内需要发货的订单总量的比值，是衡量快递公司或物流公司订单处理效率和订单履约能力的重要指标之一。淘宝网上的发货率同样可以细分为 48 小时发货率和 24 小时发货率。这两个指标的比值越大，说明发货速度越快、服务效率越高。其中，48 小时发货率=近 30 天内发货时间早于或等于 48 小时的订单数/近 30 天内应发货订单总数×100%；24 小时发货率=近 30 天内发货时间早于或等于 24 小时的订单数/近 30 天内应发货订单总数×100%。

9.2.7　利润与利润率

利润在会计学中指的是企业在一定会计期间内所取得的经营成果。这里所介绍的利润侧重表现企业收入与成本的差额，计算公式：利润=成交金额 − 总成本。

利润率是用来比较不同商品盈利水平的指标。该指标可以衡量企业销售表现，可以帮助企业更好地进行商品定价；也可以在促销推广时帮助企业制订促销策略。利润率包括销售利润率、成本利润率等，分别用于衡量销售、成本等项目的价值转化情况，计算公式：销售利润率=利润/成交金额×100%；成本利润率=利润/总成本×100%。

9.3 案例操作

9.3.1 借助讯飞星火了解指标并分析关键词引流效果

为设计出更有竞争力的商品名称，某童鞋企业需要分析热门的关键词，找出合适的关键词对象，然后利用这些关键词来创建商品名称。本案例收集了网上店铺常用的关键词在一定时期的展现量、点击量、交易额、交易笔数、成本等数据。这些数据可以体现关键词的引流效果和投入成本。下面首先利用讯飞星火了解"点击转化率"和"投入产出比"的含义，然后在 Excel 2019 中利用这些数据计算各关键词的点击率、点击转化率和投入产出比，然后通过柱形图分析引流效果。其具体操作如下。

STEP 01 登录讯飞星火官方网站，询问讯飞星火关于点击转化率和投入产出比的含义，然后提交内容，讯飞星火将返回相应的内容，如图 9-4 所示。

图 9-4

STEP 02 打开"商品关键词数据.xlsx"素材文件（配套资源：\素材文件\第 9 章\商品关键词数据.xlsx），在 G1 单元格中输入"点击率"，选择 G2:G8 单元格区域，在编辑框中输入"=C2/B2"，表示通过点击量与展现量的比值来计算点击率，按【Ctrl+Enter】组合键返回结果，如图 9-5 所示。

关键词	展现量/次	点击量/次	交易额/元	交易笔数/笔	成本/元	点击率
轻便	187,625	8,421	40,425	460	16,557	4.5%
舒适	108,177	1,038	3,574	32	1,953	1.0%
新款	25,006	654	2,007	14	999	2.6%
清仓	193,338	2,418	12,530	128	4,477	1.3%
防滑	141,454	2,386	20,170	203	4,416	1.7%
防水	262,963	5,018	22,877	268	9,965	1.9%
透气	47,655	2,779	1,497	14	142	5.8%

图 9-5

STEP 03 在 H1 单元格中输入"点击转化率",选择 H2:H8 单元格区域,在编辑框中输入"=E2/C2",表示通过交易笔数与点击量的比值来计算点击转化率,按【Ctrl+Enter】组合键返回结果,如图 9-6 所示。

图 9-6

STEP 04 在 I1 单元格中输入"投入产出比",选择 I2:I8 单元格区域,在编辑框中输入"=D2/F2",表示通过交易额与成本的比值来计算投入产出比,按【Ctrl+Enter】组合键返回结果,如图 9-7 所示。

图 9-7

知识拓展　展现量指在一定期间内商品被客户看到的次数;投入产出比是经济学中的概念,用于衡量投入与产出之间的关系,可以计算在不同层面上,如在一个企业、一个行业或一个特定项目层面上的经营效果。一般来说,较高的投入产出比意味着更有效地利用资源创造产出。

STEP 05 按前文所述方法,以关键词和点击率数据为数据源创建柱形图,删除图表标题和网格线,添加横坐标轴和纵坐标轴标题,将内容分别修改为"关键词"和"点击率",添加数据标签,将数据系列的填充颜色设置为"绿色",将图表中文字的字体格式设置为"方正兰亭纤黑简体",并调整图表尺寸至合适。

STEP 06 按相同方法创建各关键词的点击转化率柱形图和投入产出比柱形图,并按相同步骤对图表进行美化和设置,效果如图 9-8 所示(配套资源:\效果文件\第 9 章\商品关键词数据.xlsx)。

由图可知,在热门关键词中,关键词"透气"的点击率最高,说明在相同展现量的情况下,该关键词被点击的次数最多,其引流效果最好;从点击转化率的角度来看,关键词"防滑"的点击转化率最高,说明在相同点击量的情况下,该关键词引起的成交次数最多,将引入的流量转化为交易行为的效果最多;从投入产出比的角度来看,关键词"透气"的投入产出比遥遥领先,说明在相同投入的情况下,该关键词能够产生最大的回报。

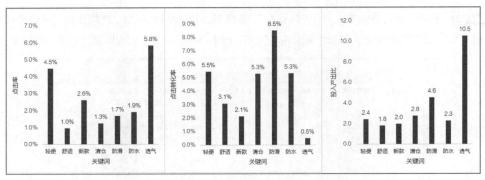

图 9-8

9.3.2 分析活动的推广效果

为找到推广效果良好的活动，企业需要分析若干活动的数据。本案例收集了企业参加活动的相关数据，如访客数、新访客数、收藏数、新收藏数、加购数、新加购数、成交订单数据。下面在 Excel 2019 中利用这些数据分析各类活动的推广效果。其具体操作如下。

视频教学：
分析活动的推广
效果

STEP 01 打开"活动推广数据.xlsx"素材文件（配套资源：\素材文件\第 9 章\活动推广数据.xlsx），在 I1 单元格中输入"新访客占比"，选择 I2:I5 单元格区域，在编辑框中输入"=C2/B2"，计算参与活动后吸引到的新访客数与总访客数的比值，按【Ctrl+Enter】组合键返回结果，如图 9-9 所示。

I2			f_x	=C2/B2								
▲	A	B	C	D	E	F	G	H	I	J	K	L	M
1	活动名称	访客数/位	新访客数/位	收藏数/次	新收藏数/次	加购数/次	新加购数/次	成交订单数/次	新访客占比			
2	A活动	20,727	1,078	966	264	1,535	182	652	5.2%			
3	B活动	7,787	1,113	1,262	167	1,520	136	568	14.3%			
4	C活动	5,223	258	1,486	152	1,100	135	341	4.9%			
5	D活动	9,017	535	990	145	1,119	81	300	5.9%			
6	E活动	25,229	1,601	232	106	1,035	187	596	6.3%			

图 9-9

STEP 02 在 J1 单元格中输入"支付转化率"，选择 J2:J5 单元格区域，在编辑框中输入"=H2/B2"，计算各活动的成交订单数与访客数的比值，按【Ctrl+Enter】组合键返回结果，如图 9-10 所示。

J2			f_x	=H2/B2								
▲	A	B	C	D	E	F	G	H	I	J	K	L	M
1	活动名称	访客数/位	新访客数/位	收藏数/次	新收藏数/次	加购数/次	新加购数/次	成交订单数/次	新访客占比	支付转化率		
2	A活动	20,727	1,078	966	264	1,535	182	652	5.2%	3.1%		
3	B活动	7,787	1,113	1,262	167	1,520	136	568	14.3%	7.3%		
4	C活动	5,223	258	1,486	152	1,100	135	341	4.9%	6.5%		
5	D活动	9,017	535	990	145	1,119	81	300	5.9%	3.3%		
6	E活动	25,229	1,601	232	106	1,035	187	596	6.3%	2.4%		

图 9-10

STEP 03 按相同方法依次创建并计算收藏转化率、新收藏占比、加购转化率和新加购占比项目，其中，收藏转化率=收藏数/访客数；新收藏占比=新收藏数/收藏数；加购转化率=加购数/访客数；新加购占比=新加购数/加购数，如图 9-11 所示。

活动名称	访客数/位	新访客数/位	收藏数/次	新收藏数/次	加购数/次	新加购数/次	成交订单数/次	新访客占比	支付转化率	收藏转化率	新收藏占比	加购转化率	新加购占比
A活动	20,727	1,078	966	264	1,535	182	652	5.2%	3.1%	4.7%	27.3%	7.4%	11.9%
B活动	7,787	1,113	1,262	167	1,520	136	568	14.3%	7.3%	16.2%	13.2%	19.5%	8.9%
C活动	5,223	258	1,486	152	1,100	135	341	4.9%	6.5%	28.5%	10.2%	21.1%	12.3%
D活动	9,017	535	990	145	1,119	81	300	5.9%	3.3%	11.0%	14.6%	12.4%	7.2%
E活动	25,229	1,601	232	106	1,035	187	596	6.3%	2.4%	0.9%	45.7%	4.1%	18.1%

图 9-11

STEP 04 按前文所述方法，以活动名称、访客数、支付转化率、收藏转化率和加购转化率数据为数据源创建组合图，其中支付转化率、收藏转化率和加购转化率对应的数据系列的图表类型均为折线图，均以"次坐标轴"的形式展现在图表中。

STEP 05 按前文所述方法，删除图表标题，将图例移至图表上方。添加横坐标轴、主要纵坐标轴和次要纵坐标轴标题，将内容分别修改为"活动名称""访客数/位"和"比率"，将图表中文字的字体格式设置为"方正兰亭纤黑简体"，并调整图表尺寸至合适。

STEP 06 按前文所述方法，将访客数数据系列的填充颜色设置为"绿色"，将支付转化率数据系列的外观设置为"轮廓-红色""粗细-1 磅""虚线-圆点"，将收藏转化率数据系列的外观设置为"轮廓-灰色""粗细-1 磅""虚线-长画线"，将加购转化率数据系列的外观设置为"轮廓-浅蓝""粗细-1 磅"，效果如图 9-12 所示。

由图可知，C 活动的收藏转化率和加购转化率都是最高的，支付转化率排在第 2 位，说明该活动的推广效果非常不错，但由于访客数过少，因此无法在销售上体现出较好的成绩，该活动极具潜力，企业应想办法提升流量和曝光率，提高拉新效果。与之相反的是 E 活动，虽然访客数最高，但收藏转化率、加购转化率和支付转化率都是最低的，推广效果最差，因此企业可以调整推广策略，以提升转化率。B 活动、D 活动也有较大的潜力，应考虑如何在这些活动上提升拉新效果。A 活动效果一般，但由于访客数的体量较大，因此企业可以侧重考虑如何提升转化率。

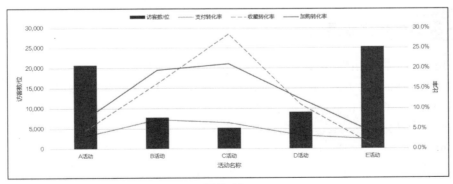

图 9-12

STEP 07 按前文所述方法，以活动名称、新访客占比、新收藏占比和新加购占比数据为数据源创建折线图，删除图表标题，将图例移至图表上方。添加横坐标轴和纵坐标轴标题，分别将内容修改为"活动名称"和"比率"，将图表中文字的字体格式设置为"方正兰亭纤黑简体"，并调整图表尺寸至合适。

STEP 08 按前文所述方法，将新访客占比数据系列的外观设置为"轮廓-绿色""粗细-1 磅""虚线-长画线"，将新收藏占比数据系列的外观设置为"轮廓-浅蓝"，"粗细-1 磅"，将新加购占比数据系列的外观设置为"轮廓-橙色""粗细-1 磅""虚线-圆点"，效果如图 9-13 所示（配套资源：\效果文件\第 9 章\活动推广数据.xlsx）。

由图可知，B 活动的新访客占比较高，结合前面的推广效果分析，可知该活动在后期会吸引到更多的流量，由于收藏转化率、加购转化率和支付转化率等指标表现都不错，因此该活动的未来表现有较大的潜力。A 活动、E 活动的新收藏占比和新加购占比较高，说明这两种活动能吸引到更多的流量，企业应侧重改善其转化指标。C 活动、D 活动的拉新效果不太理想，但考虑到这两个活动的转化指标表现不差，因此企业可以想办法提高活动的曝光率，强化引流效果。

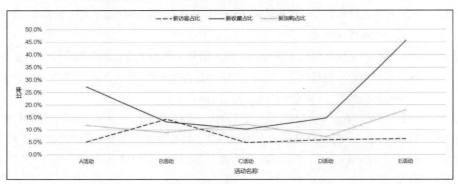

图 9-13

> **知识拓展**　在折线图的任意数据系列上单击鼠标右键，在弹出的快捷菜单中选择"添加趋势线"命令，打开"设置趋势线格式"任务窗格，在其中可以设置趋势线的类型和显示内容，设置完成后可在相应的数据系列上添加趋势线，以反映该数据系列的变化趋势。

9.3.3　分析转化效果

企业要了解特定时期内网上店铺的客户转化情况，可以借助漏斗模型分析转化数据。本案例收集了店铺各购买环节的客户数量，下面在 Excel 2019 中利用这些数据计算各环节的转化率和整体转化率，然后通过条形图来实现漏斗模型的创建，进而分析各个环节的整体交易转化情况。其具体操作如下。

视频教学：
分析转化效果

STEP 01 打开"转化数据.xlsx"素材文件（配套资源：\素材文件\第 9 章\转化数据.xlsx），在 C1 单元格中输入"环节转化率"，在 C2 单元格中输入"100"（此时单元格将以百分比的形式显示为 100%，余同），选择 C3:C9 单元格区域，在编辑框中输入"=B3/B2"，按【Ctrl+Enter】组合键返回各环节的转化率结果，如图 9-14 所示。

STEP 02 在 D1 单元格中输入"整体转化率"，在 D2 单元格中输入"100"，选择 D3:D9 单元格区域，在编辑框中输入“=B3/$B$2”，按【Ctrl+Enter】组合键返回各环节的整体转化率结果，如图 9-15 所示。

C3　=B3/B2

环节	人数	环节转化率
访问店铺	46792	100.00%
访问商品详情页	26979	57.66%
添加购物车	14569	54.00%
购物车结算	5726	39.30%
核对订单信息	3694	64.51%
提交订单	2604	70.49%
选择支付方式	2204	84.64%
完成支付	2004	90.93%

图 9-14

D3　=B3/$B$2

环节	人数	环节转化率	整体转化率
访问店铺	46792	100.00%	100.00%
访问商品详情页	26979	57.66%	57.66%
添加购物车	14569	54.00%	31.14%
购物车结算	5726	39.30%	12.24%
核对订单信息	3694	64.51%	7.89%
提交订单	2604	70.49%	5.57%
选择支付方式	2204	84.64%	4.71%
完成支付	2004	90.93%	4.28%

图 9-15

STEP 03 新建辅助列，目的是创建堆积条形图时能够将此列的数据系列隐藏起来，以便呈现出漏斗模型的效果。在 E1 单元格中输入“辅助列”，选择 E2:E9 单元格区域，在编辑框中输入“=(100%-D2)/2”，按【Ctrl+Enter】组合键返回计算结果，如图 9-16 所示。

E2　=(100%-D2)/2

环节	人数	环节转化率	整体转化率	辅助列
访问店铺	46792	100.00%	100.00%	0.00%
访问商品详情页	26979	57.66%	57.66%	21.17%
添加购物车	14569	54.00%	31.14%	34.43%
购物车结算	5726	39.30%	12.24%	43.88%
核对订单信息	3694	64.51%	7.89%	46.05%
提交订单	2604	70.49%	5.57%	47.22%
选择支付方式	2204	84.64%	4.71%	47.64%
完成支付	2004	90.93%	4.28%	47.86%

图 9-16

STEP 04 以环节、整体转化率和辅助列数据为数据源创建，在【插入】/【图表】组中单击“插入柱形图或条形图”下拉按钮，在弹出的下拉列表中选择“二维条形图”栏中的第 2 种图表类型。

STEP 05 按前文所述方法，调整数据系列的显示位置，将辅助列数据系列的位置向左移动，创建类似倒立的漏斗模型效果。选择图表，在【图表工具 图表设计】/【数据】组中单击“选择数据”按钮，打开“选择数据源”对话框，在“图例项（系列）”列表中勾选“辅助列”复选框，单击“上移”按钮，然后单击 确定 按钮，如图 9-17 所示。

STEP 06 双击纵坐标轴上的文本对象，在打开的“设置坐标轴格式”任务窗格中勾选“逆序类别”复选框，如图 9-18 所示。

STEP 07 按前文所述方法，将辅助列数据系列的填充颜色设置为“无填充”，将整体转化率数据系列的填充颜色设置为“绿色”，将图表中文字的字体格式设置为“方正兰亭纤黑简体”。删除图表标题、图例、横坐标轴、网格线等对象，效果如图 9-19 所示。

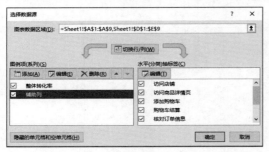

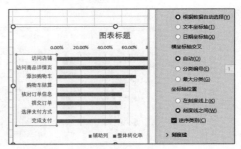

图 9-17 图 9-18

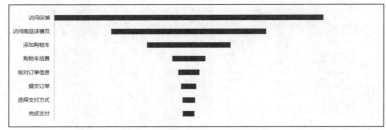

图 9-19

STEP **08** 选择纵坐标轴，在【图表工具 格式】/【形状样式】组中单击**形状轮廓** ▼按钮，在弹出的下拉列表中选择"无轮廓"。按前文所述方法，选择整体转化率对应的数据系列，为其添加数据标签，取消显示引导线，然后调整标签的位置，效果如图 9-20 所示（配套资源：\效果文件\第 9 章\转化数据.xlsx）。

由图可知，店铺在访问商品详情页、添加购物车、购物车结算、核对订单信息等环节的转化率都有大幅下降，主要原因应从商品本身分析，如商品是否没有竞争力，商品价格是否不被客户接受等。

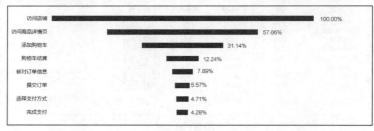

图 9-20

9.3.4 分析采购价格

为统计特定时期内各商品的采购价格，企业需要利用分组分析法对价格数据进行分组。下面在 Excel 2019 中利用 MAX 函数、MIN 函数、VLOOKUP 函数、COUNTIF 函数等多种函数实现对商品采购价格的分组和分析。其具体操作如下。

视频教学：
分析采购价格

STEP **01** 打开"采购价格数据.xlsx"素材文件（配套资源：\素材文件\第 9 章\采购价格数据.xlsx），选择 E2 单元格，在编辑框中输入"=MAX(B2:B31)"，按【Ctrl+Enter】组合键返回采购价格中的最大值。

STEP **02** 选择 E4 单元格，在编辑框中输入"=MIN(B2:B31)"，按【Ctrl+Enter】组合键返回采购

价格中的最小值。

STEP 03 这里将采购价格分为 4 组，按照“组距=（最大值-最小值）/组数”的计算公式，得出组距为“100”。在 G2:G5 单元格区域中依次输入组距（50~150 元这组实际上的组距为 101，因为这里将最小值 50 一并纳入了该组），并在 F2:F5 单元格区域中输入对应的各组最小值，如图 9-21 所示。

F1　各组最小值/元

商品编号	采购价格/元	价格分组	最大值/元	各组最小值/元	分组名称	出现次数/次
NNKA-01	355		450	50	50~150元	
NNKA-02	305		最小值/元	151	151~250元	
NNKA-03	320		50	251	251~350元	
NNKA-04	156			351	351~450元	
NNKA-05	225					
NNKA-06	269					
NNKA-07	73					
NNKA-08	390					
NNKA-09	339					
NNKA-10	203					
NNKA-11	276					
NNKA-12	227					
NNKA-13	196					
NNKA-14	328					

图 9-21

STEP 04 选择 C2:C31 单元格区域，在编辑框中输入“=VLOOKUP(B2,$F$2:$G$5,2,1)”，表示在 F2:F5 单元格区域中近似查找 B2 单元格中的数据，并返回 G2:G5 单元格区域中对应的分组名称，按【Ctrl+Enter】组合键返回结果，如图 9-22 所示。

C2　=VLOOKUP(B2,$F$2:$G$5,2,1)

商品编号	采购价格/元	价格分组	最大值/元	各组最小值/元	分组名称	出现次数/次
NNKA-01	355	351~450元	450	50	50~150元	
NNKA-02	305	251~350元	最小值/元	151	151~250元	
NNKA-03	320	251~350元	50	251	251~350元	
NNKA-04	156	151~250元		351	351~450元	
NNKA-05	225	151~250元				
NNKA-06	269	251~350元				
NNKA-07	73	50~150元				
NNKA-08	390	351~450元				
NNKA-09	339	251~350元				
NNKA-10	203	151~250元				
NNKA-11	276	251~350元				
NNKA-12	227	151~250元				
NNKA-13	196	151~250元				
NNKA-14	328	251~350元				
NNKA-15	212	151~250元				
NNKA-16	216	151~250元				
NNKA-17	292	251~350元				
NNKA-18	450	351~450元				
NNKA-19	209	151~250元				

图 9-22

STEP 05 选择 H2:H5 单元格区域，在编辑框中输入“=COUNTIF($C$2:$C$31,G2)”，表示在 C2:C31 单元格区域中统计与 G2 单元格数据相同的单元格数量，按【Ctrl+Enter】组合键返回结果，如图 9-23 所示。

H2　=COUNTIF($C$2:$C$31,G2)

商品编号	采购价格/元	价格分组	最大值/元	各组最小值/元	分组名称	出现次数/次
NNKA-01	355	351~450元	450	50	50~150元	4
NNKA-02	305	251~350元	最小值/元	151	151~250元	9
NNKA-03	320	251~350元	50	251	251~350元	13
NNKA-04	156	151~250元		351	351~450元	4
NNKA-05	225	151~250元				
NNKA-06	269	251~350元				
NNKA-07	73	50~150元				
NNKA-08	390	351~450元				
NNKA-09	339	251~350元				
NNKA-10	203	151~250元				
NNKA-11	276	251~350元				
NNKA-12	227	151~250元				
NNKA-13	196	151~250元				
NNKA-14	328	251~350元				
NNKA-15	212	151~250元				
NNKA-16	216	151~250元				
NNKA-17	292	251~350元				

图 9-23

STEP 06 按前文所述方法，以 G1:H5 单元格区域数据为数据源创建柱形图，删除图表标题和网格线，添加横坐标轴和纵坐标轴标题，将内容分别修改为"价格区间"和"次数/次"，添加数据标签，将数据系列的填充颜色设置为"绿色"，将图表中文字的字体格式设置为"方正兰亭纤黑简体"，并调整图表尺寸至合适，效果如图 9-24 所示（配套资源：\效果文件\第 9 章\采购价格数据.xlsx）。

由图可知，这批采购的商品中，价格在 251~350 元的数量最多，其次是 151~250 元的。这两个价格区间的商品采购数量是另外两个区间数量的 3 倍左右，说明店铺所有商品中这两个价格区间的商品销量最好。

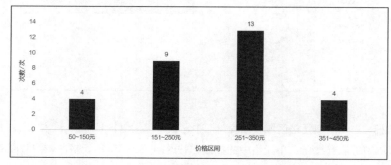

图 9-24

9.3.5 分析商品库存周转率

为更好地管理商品库存，企业需要分析商品的库存周转率。本案例收集了企业某个商品下各 SKU 的销量、期初库存、期末库存、库存天数等数据。下面在 Excel 2019 中计算各 SKU 的库存周转率，然后利用库存天数和库存周转率创建四象限图，分析各 SKU 的库存表现情况。其具体操作如下。

视频教学：
分析商品库存
周转率

STEP 01 打开"商品库存数据.xlsx"素材文件（配套资源：\素材文件\第 9 章\商品库存数据.xlsx），选择 F2:F25 单元格区域，在编辑框中输入"=B2/((C2+D2)/2)"，按【Ctrl+Enter】组合键计算各 SKU 的库存周转率，如图 9-25 所示。

	A	B	C	D	E	F	G	H	I
1	SKU	销量/件	期初库存/件	期末库存/件	库存天数/天	库存周转率			
2	商品1	367	121	112	45	3.15			
3	商品2	319	104	36	70	4.56			
4	商品3	352	138	19	36	4.48			
5	商品4	331	158	94	48	2.63			
6	商品5	426	135	66	51	4.24			
7	商品6	361	130	85	67	3.36			
8	商品7	483	89	96	65	5.22			
9	商品8	215	150	78	36	1.89			
10	商品9	439	162	54	78	4.06			

图 9-25

STEP 02 按前文所述方法，以库存天数和库存周转率数据为数据源创建散点图，删除图表标题和网格线，调整图表尺寸至合适。为图表添加横坐标轴标题和纵坐标轴标题，内容分别为"库存天数/天"和"库存周转率"，将图表中文字的字体格式设置为"方正兰亭纤黑简体"，效果如图 9-26 所示。

STEP 03 双击横坐标轴，打开"设置坐标轴格式"任务窗格，在"纵坐标轴交叉"栏中单击选中"坐标轴值"单选项，在文本框中输入"45"（表示标准库存天数为 45 天）。

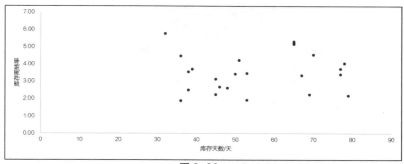

图 9-26

STEP 04 选择纵坐标轴，继续在"设置坐标轴格式"任务窗格的"横坐标轴交叉"栏中单击选中"坐标轴值"单选项，在文本框中输入"3"（表示标准周转次数为 3 次）。

STEP 05 继续添加数据标签并选择所有数据标签，在"设置数据标签格式"任务窗格中单击"标签选项"按钮 ，在"标签包括"栏中勾选"单元格中的值"复选框，打开"数据标签区域"对话框，选择 A2:A25 单元格区域，引用该单元格区域的地址，单击 确定 按钮，如图 9-27 所示。

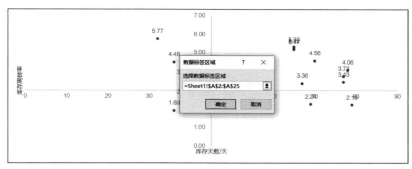

图 9-27

STEP 06 继续在"设置数据标签格式"任务窗格的"标签包括"栏取消勾选"Y 值"复选框，依次拖曳每个数据标签的位置，使其更好地显示在图表中，如图 9-28 所示（配套资源：\效果文件\第 9 章\商品库存数据.xlsx）。

由图可知，在标准库存天数为 45 天，标准周转次数为 3 次的情况下，商品 1 的库存控制得最好；商品 10 容易出现断货风险，应及时补货；商品 11 和 18 容易出现死库存。总体而言，店铺的大部分商品都位于四象限图的右上方区域，该区域的商品库存天数高，周转率也高，库存管理的压力不大，整体管理效果较好。

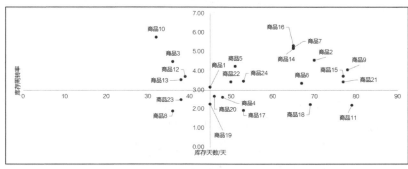

图 9-28

行业知识

　　每个行业的库存天数都不同，运营能力、供应商供货能力等会影响这些指标。大型超市的标准库存天数一般在 30 天左右，快消品渠道商的标准库存天数在 45 天左右，服装零售店铺的标准库存天数一般在 60 天左右。企业在实际操作时，可以通过研究历史库存数据、销售数据和竞争对手数据来建立合适的标准。

9.3.6 分析合作快递公司的物流效率

　　为评价合作快递公司的物流效率，企业需要分析一定时期内各合作快递公司的揽收及时率和发货率。本案例收集了各合作快递公司的订单量、48 小时内揽收量和 48 小时内发货量。下面在 Excel 2019 中利用这些数据分析各合作快递公司的物流效果。其具体操作如下。

视频教学：
分析合作快递
公司的物流效率

STEP 01 打开"物流数据.xlsx"素材文件（配套资源：\素材文件\第 9 章\物流数据.xlsx），在 E1 单元格中输入"48 小时揽收及时率"，选择 E2:E7 单元格区域，在编辑框中输入"=C2/B2"，按【Ctrl+Enter】组合键计算各合作公司 48 小时揽收及时率，结果如图 9-29 所示。

合作公司	订单量/件	48小时内揽收量/件	48小时内发货量/件	48小时揽收及时率
A公司	110	104	110	94.5%
B公司	140	129	140	92.1%
C公司	180	172	179	95.6%
D公司	130	127	130	97.7%
E公司	140	136	140	97.1%
F公司	160	155	159	96.9%

图 9-29

STEP 02 在 F1 单元格中输入"48 小时发货率"，选择 F2:F7 单元格区域，在编辑框中输入"=D2/B2"，按【Ctrl+Enter】组合键计算各合作公司 48 小时发货率，结果如图 9-30 所示。

合作公司	订单量/件	48小时内揽收量/件	48小时内发货量/件	48小时揽收及时率	48小时发货率
A公司	110	104	110	94.5%	100.0%
B公司	140	129	140	92.1%	100.0%
C公司	180	172	179	95.6%	99.4%
D公司	130	127	130	97.7%	100.0%
E公司	140	136	140	97.1%	100.0%
F公司	160	155	159	96.9%	99.4%

图 9-30

STEP 03 按前文所述方法，以合作公司、48 小时揽收及时率、48 小时发货率区域数据为数据源创建折线图，删除图表标题，将图例移至图表上方，添加横坐标轴和纵坐标轴标题，将内容分别修改为"合作公司"和"比率"，将 48 小时揽收及时率数据系列的外观设置为"轮廓-绿色""粗细-1 磅"，将 48 小时发货率数据系列的外观设置为"粗细-1 磅""虚线-长画线"，将图表中文字的字体格式设置为"方正兰亭纤黑简体"，并调整图表尺寸至合适，如图 9-31 所示（配套资源：\效果文件\第 9 章\物流数据.xlsx）。

由图可知，各快递合作公司的 48 小时揽收及时率均未达到 98%，其中 B 公司的最低，稍高于 92%，其次是 A 公司的，未超过 95%。所有快递合作公司的 48 小时发货率普遍较高，4 家公司的比率均为 100%，其余两家公司的也在 99% 以上。总体来看，企业需要加强对各快递合作公司在揽收环节的管理，进一步提升效率。

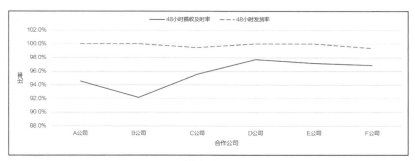

图 9-31

9.3.7　结合 Excel AI 计算并分析商品利润

企业为了解部分商品类目的盈利情况，需要分析该类目商品的利润数据，本案例采集并整理了各商品类目在特定时期的销售和成本数据。下面在 Excel 2019 中利用 Excel AI 计算并分析各商品类目的利润与利润率，其具体操作如下。

视频教学：
结合 Excel AI 计算
并分析商品利润

STEP 01 打开"利润数据.xlsx"素材文件（配套资源：\素材文件\第 9 章\利润数据.xlsx），单击"Excel AI"功能选项卡，单击"智问公式"按钮 *fx*，在打开的对话框的"Q:"文本框中输入关于如何计算利润的需求，单击 提交 按钮得到公式，如图 9-32 所示。

图 9-32

STEP 02 在 F1 单元格中输入"利润/元"，选择 F2:F5 单元格区域，在编辑框中按 Excel AI 提供的公式输入"=B2-C2-D2-E2"，按【Ctrl+Enter】组合键计算各商品类目的利润。

STEP 03 单击"Excel AI"功能选项卡，单击"智问公式"按钮 *fx*，在打开的对话框的"Q:"文本框中输入关于如何计算销售利润率的需求，单击 提交 按钮得到公式，如图 9-33 所示。

STEP 04 在 G1 单元格中输入"销售利润率"，选择 G2:G5 单元格区域，在编辑框中按 Excel AI

提供的公式输入"=F2/B2"，按【Ctrl+Enter】组合键计算各商品类目的销售利润率。

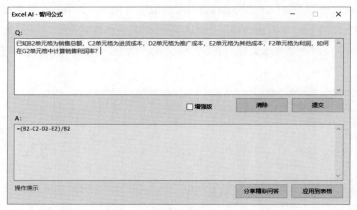

图 9-33

STEP 05 按相同方法询问 Excel AI 成本利润率的计算公式，然后在 H1 单元格中输入"成本利润率"，选择 H2:H5 单元格区域，在编辑框中输入"=F2/SUM(C2:E2)"，按【Ctrl+Enter】组合键计算各商品类目的成本利润率，结果如图 9-34 所示。

	A	B	C	D	E	F	G	H	I
1	类目	销售总额/元	进货成本/元	推广成本/元	其他成本/元	利润/元	销售利润率	成本利润率	
2	运动鞋	389033.6	245765	42050	12040	89178.6	22.9%	29.7%	
3	皮鞋	82154.8	60460	5200	3645	12849.8	15.6%	18.5%	
4	拖鞋	73832.2	45020	3890	1200	23722.2	32.1%	47.3%	
5	凉鞋	34883.2	22650	2640	4500	5093.2	14.6%	17.1%	

图 9-34

STEP 06 按前文所述方法，以所有数据为数据源创建数据透视表，将"类目"字段添加到"行"列表中，将"利润/元""销售利润率""成本利润率"字段添加到"值"列表中。

STEP 07 按前文所述方法，在数据透视表的基础上创建数据透视图，类型为组合图。其中利润数据系列的图表类型为簇状柱形图，销售利润率和成本利润率数据系列的图表类型为折线图，且以"次坐标轴"的方式呈现在图表中。

STEP 08 按前文所述方法，为图表应用"布局 7"布局样式，删除网格线，添加次要纵坐标轴标题，然后将横坐标轴、主要纵坐标轴和次要纵坐标轴的标题文本分别修改为"类目""利润/元"和"比率"。

STEP 09 按前文所述方法，将图例移至图表下方，将整个图表中文字的字体格式设置为"方正兰亭纤黑简体"，将成本利润率数据系列设置为"长画线"的虚线外观形式，并将两组数据系列的粗细均设置为"1 磅"，最后调整图表尺寸至合适，如图 9-35 所示（配套资源：\效果文件\第 9 章\利润数据.xlsx）。

由图可知，这段时期运动鞋的利润最高，是企业运营的主力商品类目；从利润率来看，拖鞋的销售利润率与成本利润率都是最高的，说明该类目商品的成本控制得不错，利润空间大，盈利能力更强；皮鞋和凉鞋这两个商品类目无论是利润数据还是利润率数据，表现都不太理想。依据分析结果，企业应当继续运营运动鞋，并加强对拖鞋的推广、引流和销售等工作，同时想办法控制皮鞋和凉鞋的运营成本。

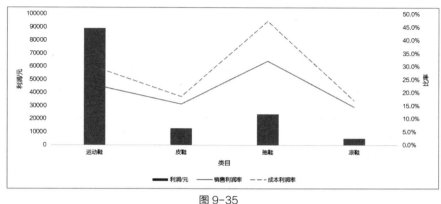

图 9-35

9.4 综合实训

9.4.1 结合 Excel AI 分析男装企业参与的活动推广效果

对于企业而言，电商平台策划的推广活动有助于企业增加商品销量和曝光度，对企业促进品牌推广和拓展市场具有重要作用。但不同的推广活动有不同的效果，花费的成本和利润也各不相同，因此企业需要通过数据分析来选择合适的活动。表 9-1 所示为本次实训的任务单。

表 9-1　结合 Excel AI 分析男装企业参与的活动推广效果的任务单

实训背景	某男装企业为借助电商平台策划的活动进一步推广品牌，需要分析已经参与过的多个活动，查看这些活动的转化效果和盈利效果，同时需要考虑不同活动的成本
操作要求	使用成交转化率指标分析不同活动的转化效果；使用利润指标和成本利润率两个指标分析不同活动的盈利效果和成本
操作思路	（1）利用"成交订单数 / 访客数"计算成交转化率； （2）利用"成交额 - 成本"计算利润； （3）利用"利润 / 成本"计算成本比率； （4）创建成交转化率柱形图分析成交效果； （5）创建利润和成本利润率组合图分析盈利效果和成本
素材位置	配套资源：\素材文件\第 9 章\综合实训推广数据.xlsx
效果位置	配套资源：\效果文件\第 9 章\综合实训推广数据.xlsx

续表

参考效果	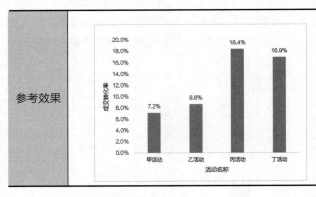 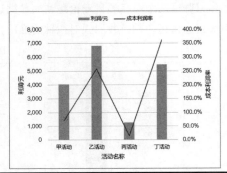

本实训的操作提示如下。

STEP 01 打开"推广数据.xlsx"素材文件，选择 F2:F5 单元格区域，在编辑框中输入"=C2/B2"，按【Ctrl+Enter】组合键计算成交转化率。

STEP 02 选择 G2:G5 单元格区域，在编辑框中输入"=D2−E2"，按【Ctrl+Enter】组合键计算利润。

STEP 03 选择 H2:H5 单元格区域，在编辑框中输入"=G2/E2"，按【Ctrl+Enter】组合键计算成本利润率。

视频教学：
结合 Excel AI
分析男装企业
参与的活动
推广效果

STEP 04 以活动名称和成交转化率为数据源创建柱形图，删除图表标题和网格线，添加横坐标轴和纵坐标轴标题，将内容分别修改为"活动名称"和"成交转化率"。

STEP 05 将数据系列的填充颜色设置为"浅蓝"，添加数据系列，将图表中文字的字体格式设置为"方正兰亭纤黑简体"，并调整图表尺寸至合适，分析各活动的成交转化率。

STEP 06 以活动名称、利润和成本利润率为数据源创建组合图，其中成本利润率以"次坐标轴"的形式呈现。删除图表标题，将图例移至图表上方。

STEP 07 添加主要横坐标轴、主要纵坐标轴和次要纵坐标轴标题，将内容分别修改为"活动名称""利润/元"和"成本利润率"。

STEP 08 将利润数据系列的填充颜色设置为"橙色"，将成本利润率数据系列的外观设置为"轮廓−绿色""粗细−1.5 磅"。

STEP 09 将图表中文字的字体格式设置为"方正兰亭纤黑简体"，并调整图表尺寸至合适，选择 A1:H5 单元格区域，结合 Excel AI 的数据分析功能和创建的图表，分析各活动的盈利情况。

9.4.2 分析男装商品的库存周转率

库存周转率是衡量企业库存管理效率的重要指标。其作用主要体现在优化资金利用、降低风险、提高盈利能力、优化供应链管理等方面，对企业的发展具有重要意义。因此，企业需要密切关注库存周转率指标，并采取有效措施改善库存周转率。表 9-2 所示为本次实训的任务单。

表 9-2　分析男装商品的库存周转率的任务单

实训背景	某男装企业为更好地管理库存，避免发生库存积压或断货等现象，需要分析商品的库存数据
操作要求	利用库存周转率分析不同商品的库存情况

续表

操作思路	（1）计算库存周转率； （2）创建库存周转率四象限图，分析各商品的库存情况
素材位置	配套资源：\素材文件\第 9 章\综合实训\库存数据.xlsx
效果位置	配套资源：\效果文件\第 9 章\综合实训\库存数据.xlsx
参考效果	

本实训的操作提示如下。

STEP 01 打开"库存数据.xlsx"素材文件，选择 F2:F17 单元格区域，在编辑框中输入"=B2/((C2+D2)/2)"，按【Ctrl+Enter】组合键计算库存周转率。

STEP 02 以库存天数和库存周转率为数据源创建散点图，删除图表标题和网格线，并调整图表尺寸至合适。

STEP 03 为图表添加横坐标轴标题和纵坐标轴标题，内容分别为"库存天数/天"和"库存周转率"，将图表中文字的字体格式设置为"方正兰亭纤黑简体"。

STEP 04 双击纵坐标轴，打开"设置坐标轴格式"任务窗格，在"横坐标轴交叉"栏中单击选中"坐标轴值"单选项，在文本框中输入"4"（表示标准周转次数为 4 次）。

STEP 05 选择横坐标轴，继续在"设置坐标轴格式"任务窗格的"纵坐标轴交叉"栏中单击选中"坐标轴值"单选项，在文本框中输入"60"（表示标准库存天数为 60 天），将坐标轴的最小值设置为"40"。

STEP 06 继续添加数据标签并选择所有数据标签，在"设置数据标签格式"任务窗格中单击"标签选项"按钮 >，在"标签包括"栏中勾选"单元格中的值"复选框，打开"数据标签区域"对话框，选择 A2:A17 单元格区域，引用该单元格区域的地址。

STEP 07 继续在"设置数据标签格式"任务窗格的"标签包括"栏取消勾选"Y 值"复选框，依次拖曳每个数据标签的位置，使其更好地显示在图表中，分析各商品的库存情况。

视频教学：
分析男装商品的
库存周转率

9.5 课后练习

练习 1　分析女鞋商品的关键词

【操作要求】分析女鞋商品各关键词的质量。

【操作提示】计算各关键词的点击率、点击转化率和投入产出比，然后创建组合图，分析各关键词的点击率、点击转化率与投入产出比的情况，参考效果如图 9-36 所示。

【素材位置】配套资源：\素材文件\第 9 章\课后练习\关键词数据.xlsx。

【效果位置】配套资源：\效果文件\第 9 章\课后练习\关键词数据.xlsx。

扫一扫：
高清彩图

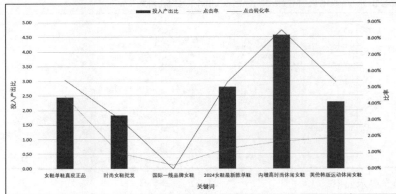

图 9-36

练习 2 结合 Excel AI 分析女鞋商品的采购数据

【操作要求】分析女鞋商品的采购价格情况。

【操作提示】利用分组分析法对女鞋商品的价格进行分组统计，然后建立柱形图分析价格区间的分布情况，同时结合 Excel AI 对 A1：B31 单元格区域的采购价格进行自定义的分布分析，参考效果如图 9-37 所示。

【素材位置】配套资源：\素材文件\第 9 章\课后练习\采购数据.xlsx。

【效果位置】配套资源：\效果文件\第 9 章\课后练习\采购数据.xlsx。

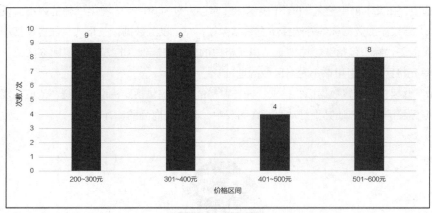

图 9-37